"生命科学基础实验"系列丛书　　WEISHENGWUXUE SHIYAN JISHU ZHIDAO

微生物学实验技术指导

王伟　编著

 中山大学出版社
SUN YAT-SEN UNIVERSITY PRESS

·广州·

图书在版编目（CIP）数据

微生物学实验技术指导/王伟编著 . —广州：中山大学出版社，2023.11

（"生命科学基础实验"系列丛书）

ISBN 978 - 7 - 306 - 07888 - 9

Ⅰ.①微… Ⅱ.①王… Ⅲ.①微生物学—实验—高等学校—教学参考资料 Ⅳ.①Q93 - 33

中国国家版本馆 CIP 数据核字（2023）第 154951 号

出 版 人：**王天琪**
策划编辑：李先萍
责任编辑：李先萍
封面设计：曾　斌
责任校对：袁双艳
责任技编：靳晓虹
出版发行：中山大学出版社
电　　话：编辑部 020 - 84110283，84113349，84111997，84110779，84110776
　　　　　发行部 020 - 84111998，84111981，84111160
地　　址：广州市新港西路 135 号
邮　　编：510275　传　真：020 - 84036565
网　　址：http://www. zsup. com. cn　E-mail：zdcbs@ mail. sysu. edu. cn
印 刷 者：广州市友盛彩印有限公司
规　　格：787mm×1092mm　1/16　12.125 印张　182 千字
版次印次：2023 年 11 月第 1 版　2023 年 11 月第 1 次印刷
定　　价：38.00 元

微生物学实验技术课程守则

在微生物学教学中，微生物学实验技术课程是与微生物学理论课并行的独立课程，其以实践为主，既是一门重要基础课程，也是生命科学类各专业的主干必修课程。通过实验课程的学习，学生不仅能够熟悉和掌握微生物各大类群的基本形态和微观形象化特征，验证和巩固微生物学的理论知识；而且可以逐步掌握微生物学的一系列经典实验技术和基本操作技能，体验规范化的技术要领，培养无菌理念，为今后从事生命科学领域和其他有关方面的工作打下技术基础。

为了保证实验课的进度，获得良好的实验结果和学习效果，同时也为了维护好实验室的秩序和微生物菌种的生物安全性，进入实验室从事相关实验的学生及研究人员需要谨记如下实验室规则及注意事项：

（1）每次实验前必须充分预习实验技术指导，了解实验原理，明确实验目的，熟悉实验内容、操作要点和注意事项。

（2）应当遵循实验步骤，按顺序依次进行实验操作，以认真严谨的态度对待每一个实验和每一项操作，留心细微现象和实验结果，做好观察记录。对于示教实验，要仔细观察和细心体会。

（3）每做完一个实验，应以实事求是的科学态度填写实验报告，并简明地进行实验结果分析和总结。

（4）严守实验室守则。①保持室内整洁、安静、有秩序。非实验必需的书籍、物品，不得带入实验室。实验时，按位就座，严肃认真，严禁高声谈笑和随意走动；禁止在实验室饮食、抽烟或以口接触实验物品。每次实验完成后，应清理实验桌，将废弃物品放入或倒入指定的地方或容器内，并做好实验室清洁卫生工作。②实验后及时清理实验用品是实验室的一项基本要求，也是每个实验者必须养成的良好习惯。各组（人）在实验中使用过的物品、器皿均由各组（人）

负责清洗。染有致病菌的废物，必须集中灭菌后才能丢弃；带有致病菌的器皿，必须经消毒溶液浸泡消毒，或经煮沸、高压灭菌后再行清洗。③若有传染性材料流洒到衣服、地板、桌椅等处，应用消毒溶液浸泡半小时以上，达到彻底灭菌后才能擦洗。④发生皮肤划破或损伤，或吸入传染性液体等意外事件时，应立即处理。一般皮肤破损，普通的外伤可用碘伏、碘酒或红药水消毒后包扎伤口；吸入传染性液体时，应立即吐到装有 5% 苯酚或 3% 来苏尔等的消毒溶液缸中，再用 0.1% 高锰酸钾溶液和大量清水漱口。⑤使用易燃化学品时，勿接近火焰，谨防着火。⑥实验菌种不得随便抛洒、交换，也不得随意带出实验室；实验所用的致病菌种，用完后按原数交给实验员，统一灭菌销毁。⑦使用各种试剂应注意节约，使用完毕须放回原处，恢复原样；有瓶塞的试剂瓶，用后应重新塞好；要爱护公物，发生物品损坏应立即报告并进行登记；贵重物品发生损坏须酌情计价赔偿并减扣损坏者的实验成绩。⑧凡须进行培养的材料，均应标注好班级、座号、内容、处理方法、日期等，放入指定的地点进行培养。⑨水、电、灯、火、气，用毕立即关闭，如遇停水、停电，应随手关好水、电开关。⑩实验前先洗手，离开实验室时，注意关闭门、窗、水、煤气（天然气）、空调、演示仪、电灯、火等，并用肥皂或 3% 来苏尔等消毒剂将手洗净后再离开。

目　　录

实验一 显微镜油镜的使用及细菌形态的观察

一、实验目的

（1）掌握油镜的使用技术。

（2）观察细菌的基本形态。

（3）了解并掌握从试管斜面取菌的无菌操作手法，涂片、固定及推片等制片方法。

（4）了解并掌握细菌的普通染色方法。

（5）了解齿垢、空气、水和手指的微生物类群。

二、实验器材

（1）实验材料与仪器：显微镜、香柏油、二甲苯（或擦镜液）、擦镜纸、吸水纸、消毒牙签、载玻片（金黄色葡萄球菌、卡他双球菌、链球菌、四联球菌、枯草杆菌、嗜盐弧菌等菌种的标准片）、接种环、酒精灯、火柴。

（2）菌种：枯草杆菌、大肠杆菌、金黄色葡萄球菌，试管固体斜面菌种。

（3）染色液：苯酚复红（苯酚品红）染色液、结晶紫染色液、碱性美蓝（亚甲基蓝）染色液、1%刚果红染色液、2%盐酸酒精。

三、实验原理和内容

（一）显微镜油镜的原理和使用方法

显微镜是用来观察和检验微小物体，使微粒得以放大成像的重要

1

光学仪器。

микро微生物是自然界中体积微小，结构简单的一类生物，大部分很难用肉眼观察和识别，必须借助显微镜才能看清楚它们的个体、群体形态和细胞特征。因此，显微镜是进行微生物学工作的必备工具，熟悉和掌握显微镜的使用方法是研究微生物的一项基本和必要的技能。

光学显微镜一般由光学系统和机械系统两大部分组成，现代光学显微镜还包括电源系统，用于改善光源和照明。光学系统是显微镜的核心，通常由目镜和物镜两组透镜系统构成（故光学显微镜又称复式显微镜），其中物镜的性能是直接影响显微镜分辨率的关键因素。（图 1－1）

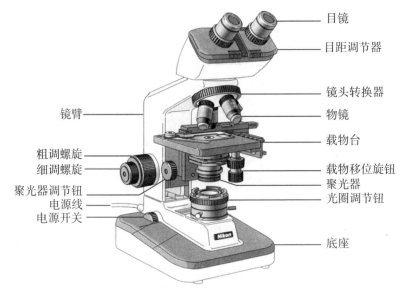

图 1－1　显微镜的基本结构

1. 油镜的原理

显微镜的物镜分为低倍镜（10×及以下）、中倍镜（20×）、高倍镜（40～65×）和油浸物镜（90×以上）（以下简称"油镜"）等几种，每一种物镜镜头都有不同的放大倍数。油镜是显微镜的物镜中放大倍数最大的一种，通常必须在油镜下才能观察和辨析原核细胞类的微生物个体。

　　一般在显微镜的油镜镜头上标有"100×"或"97×"字样，有一醒目的红圈（有时为白圈或黑圈），表示为油镜，有的以"OI"（oil immersion）或以"HI"（homogeneous immersion）字样来表示油镜。在各种物镜上通常标刻有放大倍数、数值孔径（numerical aperture，NA）、工作距离（物镜下端至盖玻片的距离）及实验所要求的盖玻片厚度等主要参数（图1-2），其中油镜的放大倍数和数值孔径（又称开口率、镜口率）最大，而工作距离最短。使用时，油镜与其他物镜不同，原因是载玻片与物镜之间不是隔一层空气而是隔一层油脂，因此称为"油浸系"。油镜的常用油为人造香柏油（cedar wood oil），因人造香柏油的折射率（$n=1.515$）与玻璃相近，当光线通过载玻片后可直接通过香柏油进入物镜而不发生折射。如果载玻片与物镜之间的介质为空气，光线通过玻片时受到空气折射会发生散射现象，进入物镜的光线将明显减少，这样就降低了视野的光照度（图1-3、图1-4）。

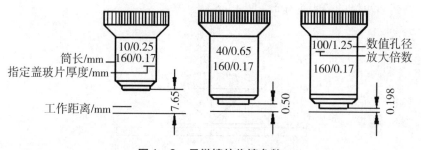

图1-2　显微镜的物镜参数

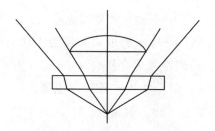

图1-3　物镜干燥系的光线通路

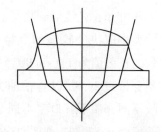

图1-4　物镜油浸系的光线通路

一般而言，显微镜的放大效能（辨析力）可用显微镜的分辨率（指显微镜能辨别两点之间最小距离的能力）来表示，分辨率越小，表示显微镜的辨析能力越强，它取决于镜头的开口率和入射光线的波长，而不完全取决于显微镜的放大倍数。

具体来说，辨析力与物镜的开口率成正比，与光线的 1/2 波长成反比。即物镜的开口率越大，光线波长越短，则显微镜的辨析力也越大，这种情况下目的物细小的构造，也能明晰地被辨别出来。分辨率的计算公式如下：

$$d = \frac{\frac{1}{2}\lambda}{\text{NA}} \qquad (1-1)$$

式中，d 为分辨率，λ 为光波长度，NA 为开口率。

开口率（NA）是指光线投射到物镜上最大角度的一半的正弦与玻片和物镜间介质的折射率的乘积，可用以下公式表示：

$$\text{NA} = n \cdot \sin\ (\alpha/2) \qquad (1-2)$$

式中，n 为介质折射率，α 为最大入射角（指透过标本的光线投射到物镜前边缘的最大夹角）（图 1-5）。

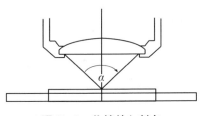

图 1-5　物镜的入射角

由此可知，光线射到物镜的角度越大，显微镜的效能也越大。该角度的大小取决于物镜的直径和焦距。同时 α 的理论限度为 180°，其半数的正弦值为 1（$\sin 90° = 1$），故以空气为介质时（$n = 1$），开口率不会超过 1。如以香柏油为介质，则 n 增大，开口率也随之增大。故不同介质下开口率不同。假如光线的入射角为 120°，其半数的正弦值为 0.87（$\sin 60° = 0.87$）。

以空气为介质时：$\text{NA} = 1 \times 0.87 = 0.87$

以水为介质时：NA = 1.33 × 0.87 = 1.16

以香柏油为介质时：NA = 1.52 × 0.87 = 1.32

所以，利用油镜不但能够增加光照度，而且能够增加开口率，进而提高显微镜的放大效能。

我们肉眼所能感受的光的平均波长为 0.55 μm，如果使用开口率为 0.65 的物镜（高倍镜），则可以看到大小在 0.42 μm 以上的物体的结构，计算结果如下：

$$\frac{0.55 \ \mu m}{2 \times 0.65} = 0.42 \ \mu m \qquad (1-3)$$

而使用上述物镜就看不到大小在 0.42 μm 以下的物体，即使在显微镜的总放大率增加的情况下，用倍数更大的目镜也仍然看不到，只有改用开口率更大的物镜才可以看到。例如油镜的开口率为 1.25，用这样的油镜就可以看到大小在 0.22 μm 以上的物体的结构，计算结果如下：

$$\frac{0.55 \ \mu m}{2 \times 1.25} = 0.22 \ \mu m \qquad (1-4)$$

因此，如果采用放大率为 40 倍（NA = 0.65）的物镜（高倍镜）和放大率为 24 倍的目镜，虽然其总放大率为 960 倍，但其可见的最小结构只有 0.42 μm；假如采用放大率为 90 倍（NA = 1.25）的物镜（油镜）和放大率为 9 倍的目镜，虽然其总的放大率只有 810 倍，但却能看到 0.22 μm 的微小结构。

2. 油镜的使用方法

（1）用油镜观察的样品载玻片，一般不加盖玻片。如果必须使用盖玻片，则应用超薄型的盖玻片（其允许的厚度可参见油镜镜头上的标示数值）。

（2）用油镜观察之前，首先应该在低倍镜下找到要观察的目物，然后选择最适当的观察点，将其移动到低倍镜视野的正中央。

（3）用粗（大）调螺旋将镜头提起约 2 cm，在玻片标本的镜检部位滴上一滴香柏油，换用油镜，从侧面观察，慢慢旋转粗调螺旋，直至镜头浸入油滴并几乎与标本接触为止。切勿将油镜镜头压到载玻片，以免损坏油镜镜头、压破玻片标本。

（4）从目镜观察，并微微转动粗调螺旋（注意此时只能向上调节镜头，即将镜头从载玻片上移开，而不能向下调节镜头；若是镜头固定，只能移动载物台，则载物台调节方向相反）。当视野中有模糊的标本形象时，改用细（小）调螺旋移动镜头，直至视野中被检物清晰出现为止。若视野不够亮，可开大光圈，并将聚光器升高。

（5）如果向上转动粗调螺旋时，已使油镜离开油滴，但尚未发现标本影像，可下降镜头重新操作。

（6）擦镜。使用完油镜，必须尽早擦除油迹、清洁镜头。第一步，用专用擦镜纸抹去残留在镜头上的油滴；第二步，换用干净的擦镜纸滴加少许二甲苯或者专用擦镜液揩抹镜头，去除残余油迹；第三步，迅速换用干净擦镜纸抹干镜头残留的二甲苯（不可间隔过久，否则二甲苯会溶解镜头晶片周围的胶质，时间长了会使晶片脱落）。用擦镜纸清洁镜头时用力须轻柔，横向一次性轻抹，避免在镜头上来回、绕圈式用力擦拭。

（二）观察细菌的形态特征

将金黄色葡萄球菌、卡他双球菌、链球菌、四联球菌、枯草杆菌、嗜盐弧菌等菌种的标准片，分别置于显微镜载物台上，用油镜观察各菌种的形态特征（图1-6、图1-7、图1-8）。

图1-6　金黄色葡萄球菌的形态

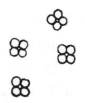

图1-7　四联球菌的形态

图 1-8 枯草杆菌的形态（逐级放大）

（三）细菌的普通（简单）染色、制片与形态观察

1. 染色原理

利用微生物与不同性质的染色液（如苯酚复红染色液、结晶紫染色液、美蓝染色液等）具有亲和力而被着色的特性，采用一种染色液对涂片进行染色观察，操作简单，适用于对菌体做一般观察。

2. 具体步骤

（1）菌种：大肠杆菌、金黄色葡萄球菌、枯草杆菌。

（2）具体操作步骤：取菌涂片 → 干燥 → 火焰固定 → 染色（1～2 min）→ 水洗 → 吸干 → 油镜镜检。

①涂片。取干净的载玻片，将其一面在火焰上加热，除去油脂。冷却后，在玻片中央加一小滴蒸馏水，用接种环在火焰旁以无菌操作从斜面上（通常指试管斜面固体培养基，简称"试管斜面"或"斜面"）取出少量菌种，与载玻片上的蒸馏水混合后，在载玻片上涂布成一均匀的薄层，涂布的面积不宜过大（图 1-9、图 1-10）。

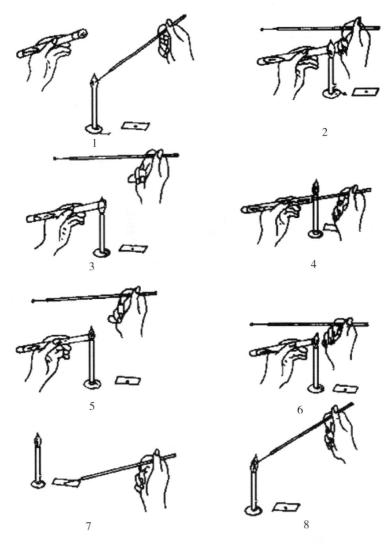

1. 灼烧接种环；2. 拔去棉塞；3. 烘烧试管口；4. 挑取少量菌体；5. 再烘烤试管口；6. 将棉塞塞好；7. 涂片；8. 烧死接种环上残留的菌体。

图1-9　细菌染色标本涂片的无菌操作过程

②干燥。将涂布好的载玻片放置在空气中自然干燥，或者摆动载玻片以微火烘干（以玻片背面不烫手为佳）。

③固定。将已干燥的涂片面朝上，在微小的火焰上通过2～3次，使细胞质凝固，以固定细菌的形态，并使其附着于载玻片而不易

脱落；但不能在火焰上烤，否则，细菌的自然形态将被破坏（图 1 –
11）。

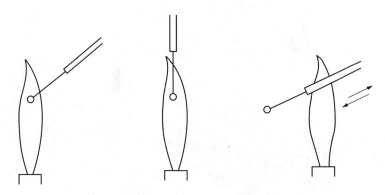

图 1 –10　接种环取菌前后的火焰灭菌步骤（灼烧）

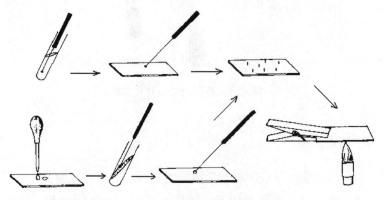

图 1 –11　涂片后的干燥和热固定

　　④染色。将玻片标本水平放置，滴加结晶紫染色液或其他简单染
色液于涂片上，以染液完全覆盖涂样为准，染色时间为 1 ~ 2 min
（若滴美蓝染色液，染色时间则约为 5 min）。

　　⑤水洗。以细水流小心冲洗玻片至冲洗下的水无色为止（注意
冲洗时水从倾斜玻片上端流下，避免直接在材料上冲洗）。

　　⑥吸干。在空气中将其晾干，或用吸水纸将其吸干，须干燥
完全。

　　⑦油镜镜检。将制备好的染色涂片置于油镜下观察（图 1 –12）。

图 1-12　大肠杆菌的形态（逐级放大）

3．注意事项

（1）制备涂片时必须遵守无菌操作规则，避免外界杂菌污染。

（2）涂片一定要薄而均匀，尽量保证细菌个体能分开，便于观察清楚细菌形态。

（3）必须等涂片完全干燥后，才能置于油镜下观察。

（四）齿垢螺旋体及微生物类群的制片与形态观察（刚果红染色法）

人的口腔和齿垢中含有各类寄生或共生性的致病和非致病微生物，种群复杂，螺旋体是其中常见的一类。

螺旋体为一类运动型特殊细菌，属于革兰氏阴性菌，单细胞线形，种间大小和长短差异极大，细长和柔软的体态常弯曲屈绕，呈现各种弧形、波浪形或螺旋状，在液体中能依靠线形身体的收缩进行沿长轴移动、轴向旋转和横向屈曲摆动。有些种类的螺旋体可以导致人和动物的接触传染性疾病。菌体长度、螺旋特征、致病性和生境指标等都是细菌分类的重要依据。

观察细菌及螺旋体形态的具体操作步骤如下：

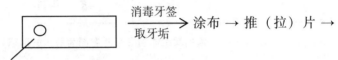

刚果红染色液

晾干 → 火焰固定 → 加盐酸酒精（标本由红变蓝）→ 晾干 → 通过油镜观察细菌及螺旋体（细丝状、螺旋状、无规则）形态。

（1）滴一小滴刚果红染色液于干净载玻片的一端。

（2）将消毒牙签插入齿缝中，或在最里面大牙的外表面刮取少许牙垢，取出牙签在液滴中涂布。

（3）用另一载玻片将液滴推成一薄层（图1-13），待干后进行热固定。

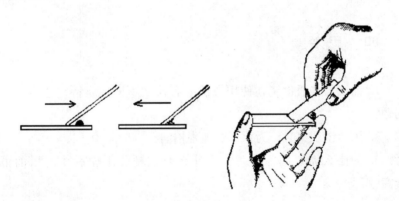

图1-13　推片方法

（4）滴上数滴2%盐酸酒精，标本由红变蓝。

（5）晾干，用油镜观察。螺旋体及细菌呈白色透明状，背景是鲜明的蓝色。螺旋体的形态如图1-14所示。

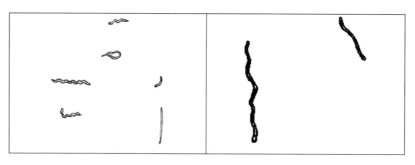

图 1-14　齿垢螺旋体的形态（右图为放大的形态）

（五）了解空气、水、手指的微生物类群（选做）

取 4 个马铃薯平板①。第一个不作处理，与其他组做对照；第二个打开盖 20 min，以自然接种空气中的微生物；向第三个倒入自来水，当水流满皿底，将水倒出，盖上皿盖；第四个则用手指涂抹培养基表面（注意涂抹动作要轻柔，不破坏培养基），然后盖上皿盖。将4 个皿翻转（底朝上），置于 37 ℃培养箱中培养 24 h，观察各皿中微生物类群。

四、思考题

1. 油镜与普通物镜在使用方法上有什么不同？应特别注意哪些问题？

2. 用油镜观察时，为什么要加香柏油？

3. 为什么需要固定涂片？为什么要在制片干燥后才能用油镜观察？

附：绘制微生物形态图的一般作图技巧

由于微生物个体小、群体量多，在显微镜的观察视野下呈零乱繁

---

①　研究和观察微生物的工作中常用到培养皿。一般将空培养皿简称平皿，装有固体培养基的培养皿称为平板培养皿（或简称为平板），相应地，在平板上培养的菌种称为平板菌种。

杂形态，因此在绘制微生物的形态图时，一般要求画模式图，力求简明清晰，能够集中反映出菌群的个体形态和群体关系两个方面的特征。画图时的线条须清晰均匀、平滑流畅和过渡自然，力戒涂抹痕迹；构图不宜复杂，准确把握细节，注意大小比例关系，把观察到的典型特征和细微特征集中起来，以若干个形态表现出来即可。

实验二　细菌染色技术

细菌是一类结构简单的单细胞原核微生物。由于细菌体积小、比较透明，因此必须借助于染色的方法使细菌着色，与背景形成明显的对比，才能够观察到细菌的形态和构造。所以染色技术是细菌学中的一项重要的基本技术。

一、实验目的

（1）了解并掌握细菌的革兰氏染色法、芽孢染色法、荚膜染色法和鞭毛染色法的原理及染色技术。

（2）掌握从平板取菌的无菌操作手法。

二、实验器材

（1）用具：显微镜、酒精灯、接种环、载玻片、染色架、镊子、玻片夹（或木夹子）、洗瓶、烧杯、香柏油、二甲苯（或擦镜液）、墨汁（或黑墨水）、95%酒精、擦镜纸、吸水纸、玻璃铅笔、火柴。

（2）染色液：①革兰氏染色液：草酸铵结晶紫染色液、1%鲁氏碘染色液、2.5%沙黄。②芽孢染色液：5%孔雀绿、0.5%沙黄。③荚膜染色液：0.1%结晶紫染色液。④鞭毛染色液。

（3）菌种：大肠杆菌、枯草杆菌、金黄色葡萄球菌、四联球菌、苏云金杆菌、钾细菌（或圆褐固氮菌）、变形杆菌。

三、实验原理和内容

（一）革兰氏染色法

1. 基本原理

革兰氏染色法是细菌学中一个重要的鉴别染色法。按照细菌对这种染色法不同的反应，可将细菌分成两大类，即革兰氏阳性菌（G^+）与革兰氏阴性菌（G^-），这种染色法也是细菌分类的基础。

革兰氏染色法染色过程为：先用结晶紫染色，然后加碘液处理，再用酒精脱色，最后用沙黄（番红）染色液复染。若细菌保持原有染料的颜色（紫色），称为革兰氏阳性菌；若细菌被脱色，而复染时又被重新染上复染液的颜色（红色），则称为革兰氏阴性菌。

关于革兰氏染色法的原理，可能涉及两类菌的细胞壁的结构及组成差异，目前主要有 3 种学说：

（1）等电点学说。革兰氏阳性菌的等电点（pH 2～3）比阴性菌（pH 4～5）低，一般染色时溶液的 pH 在 7 左右。所以，电离后阳性菌带有的负电荷较之阴性菌多，因而摄取的碱性染料亦较多，不易脱色。

（2）通透性学说。革兰氏阳性菌细胞膜的通透性要比阴性菌小。进入细胞的染料和碘液结合生成沉淀，脱色剂较易通过革兰氏阴性菌的细胞膜，将碘和染料的复合物溶解洗出，故阴性菌易脱色；而阳性菌细胞膜通过性低，故不易脱色。

（3）化学学说。革兰氏阳性菌细胞内含有某种特殊化学成分，一般认为是核糖核酸镁盐与多糖的复合物，它能和染料（媒染剂复合物）相互结合，使已经着色的细菌不容易脱色。

2. 方法与步骤

（1）菌种：大肠杆菌、枯草杆菌、四联球菌、金黄色葡萄球菌。

（2）具体步骤：取菌涂片 → 干燥 → 固定 → 初染（结晶紫，1 min）→ 水洗 → 媒染（碘液，1 min）→ 水洗 → 酒精脱色（95% 酒精，10～15 s）→ 水洗 → 复染［2.5% 沙黄（番红），30 s～1 min］→ 水洗 → 干燥 → 油镜镜检（G^+ 紫色，G^- 红色）。

①涂片、干燥、固定与普通染色法相同。

②初染：结晶紫染色 1 min，水洗。

③媒染：碘液媒染 1 min，水洗。

④脱色：滴加 95% 酒精，上下倾斜玻片使酒精在玻片上来回流动洗脱，至流出液无色为止（约 15 s），然后立即用水冲洗，将酒精充分洗净。

⑤复染：用 2.5% 沙黄（番红）复染 30 s～1 min，水洗。

⑥干燥：同普通染色法。

⑦镜检：在显微镜下用油镜镜检，革兰氏阳性菌为紫色，革兰氏阴性菌为红色。

在革兰氏染色过程中，有时为了避免试剂及操作者人为因素所导致的结果误差，常常在检测玻片上同时以已知菌作标准对照，帮助对染色结果进行正确的比对判定（图 2-1）。

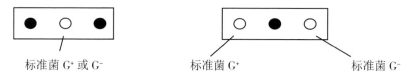

标准菌 G^+ 或 G^-　　　　标准菌 G^+　　　　标准菌 G^-

图 2-1　革兰氏染色时玻片取样示意

3. 注意事项

（1）取菌要少、水少；涂片要薄、均匀，如涂厚了则易导致脱色不均匀。

（2）酒精脱色的时间要掌握好。如脱色过度，则阳性菌可能会被误认为阴性菌；而脱色不够时，阴性菌可能会被误认为阳性菌。

（3）各步骤的操作时间要掌握好。

(二) 芽孢染色法

1. 基本原理

芽孢是某些细菌在一定生长阶段内生的一种特殊休眠体，通常对严酷和不良的环境条件具有较强的适应和抵抗能力，多为圆形或椭圆形。芽孢染色法是专为观察细菌芽孢而设计的染色方法。

芽孢壁厚而致密、透性低，着色、脱色均较困难，须在剧烈条件下染色，所以芽孢染色除用着色能力强的染色液外，还须在微火上加热。因此，所有的芽孢染色法都基于一个原则：先使标本染色很深，然后使菌体部分脱色而芽孢内的染料则保留其中，再以复染液使菌体重新着色，这样芽孢和菌体就被染上不同的颜色，便于区别观察。

2. 方法和步骤

（1）菌种：枯草芽孢杆菌或苏云金芽孢杆菌，菌龄 24～36 h。

（2）具体步骤：取菌涂片 → 干燥 → 固定 → 初染（5%孔雀绿，加热 10 min）→ 水洗 → 复染 [0.5%沙黄（番红），1 min] → 水洗 → 干燥 → 油镜镜检。

①涂片、干燥、固定同普通染色法，取菌涂片面积宜小不宜大。

②初染：在涂菌处滴上 3～5 滴 5%孔雀绿染色液（可适当多滴些），用玻片夹或木夹子夹住玻片一端，放在火焰高处加热 10 min 左右（自载玻片上冒蒸汽时开始计时），以使染色液保持相当热度而又不致沸腾为宜。在加热过程中染液会挥发，须及时滴加补充，边补充边加热，不可致标本完全烧干涸，并注意防止玻片烧裂。

③水洗：待玻片冷却后，用自来水轻缓冲洗。

④复染：用 0.5%沙黄（番红）染色液复染 1 min，水洗。

⑤干燥：同普通染色法。

⑥镜检：在显微镜油镜下检查，芽孢呈浅绿色、颗粒状，菌体呈浅红色、杆状（图 2-2）。

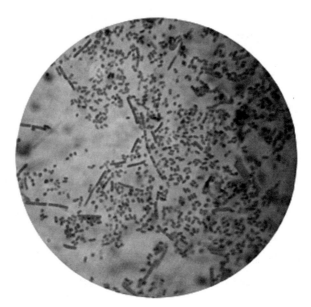

（图中杆状为菌体，颗粒状为芽孢）

图2-2　芽孢染色结果

（三）荚膜染色法

1. 基本原理

荚膜染色法是专门用于观察细菌荚膜的染色方法。在某些细菌的细胞壁外，包裹着一层稍厚且固定的黏性物质，称为荚膜，其主要成分是多糖类物质。荚膜与染料的亲和力低，不易着色，一般较难观察，荚膜染色法则是根据荚膜的这个特性设计的，用特殊染色法处理，使细菌荚膜在显微镜下清晰显现，便于识别观察。荚膜一般不用热固定，否则易皱缩或变形，破坏细菌形态的完整。

2. 方法和步骤

（1）菌种：胶质芽孢杆菌（钾细菌）或圆褐固氮菌，菌龄3～5天，以平板菌种为佳。钾细菌在以甘露醇为碳源的培养基上生长时，比较容易生成宽厚的荚膜。

（2）具体步骤：取菌涂片 → 自然干燥 → 用结晶紫染色液染色（0.1%结晶紫，5～10 s）→ 水洗 → 风干 → 用墨汁涂背景（玻片背面，推片）→ 晾干 → 油镜镜检。

①取菌涂片：从平板菌落取菌，涂片同普通染色法。

②干燥：在空气中自然干燥。

③染色：用0.1%结晶紫染5～10 s，水洗，风干。

④用墨汁涂背景：在玻片一端滴1滴墨汁或黑墨水（可以将墨汁涂在玻片背面，也可涂在正面），另取一块玻片将它推成一薄层，风干（图2-3）。

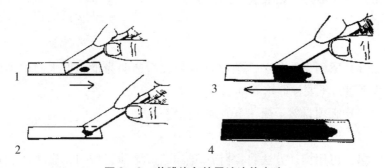

图2-3　荚膜染色的墨汁涂片方法

⑤镜检：在显微镜油镜下观察，背景浅黑色，菌体呈紫色，荚膜呈无色透明环状，包围着紫色的菌体（图2-4）。

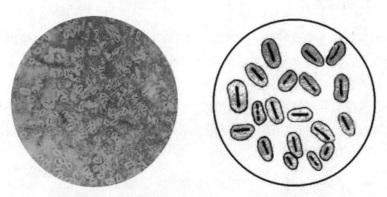

图2-4　胶质芽孢杆菌（钾细菌）的荚膜染色结果

19

需要注意的是：有些无荚膜的菌种，菌体在干燥收缩后也会出现不着色的圆环，易被误认为是荚膜。区别真假荚膜主要看这个透明圆环的宽度。荚膜一般比较厚，因而由荚膜组成的圆环比较宽，而那种薄窄的透明圆环便不是荚膜该有的特征。

另外，随着培养时间的延长，有些有荚膜的细菌会分泌大量黏稠质的液体，这些液体包裹着菌体及固有荚膜以形成更厚、更大范围的黏质外层，使得菌体经过反差染色制片后在显微镜下呈现外覆 2 层甚至 3 层厚外膜的情形，膜间层次分明，菌体及其包围物的体积大大增加，可达菌体本身的几倍至十几倍。这种情况下应注意观察菌体、荚膜和黏性分泌物（黏液层）的区别。

3. 注意事项

（1）取稍多一些菌，须取培养基表面透明光滑、似水滴的半圆球状菌落，不要挑取培养基质。

（2）必须自然干燥，不能加热固定。

（3）染色时间宜短不宜长。

（4）可用推片方法将墨汁涂开，尽量涂薄、均匀，涂墨汁后切勿再水洗。

（四）鞭毛银盐染色法（选做）

1. 基本原理

细菌鞭毛非常纤细，直径在 0.1 μm 以下，在普通光学显微镜下看不见，要用特殊染色方法使染色液堆积在鞭毛上以加粗鞭毛，方能在普通光学显微镜下观察。

细菌只在个体发育的一定时期才具有鞭毛，因此，鞭毛染色一般须进行多次转种以令菌种得到充分活化，在细菌旺盛生长阶段取样，则染色成功概率较高。

2. 方法与步骤

（1）菌种：大肠杆菌或变形杆菌，菌龄 12 h 左右。

20

（2）鞭毛染色的具体步骤：取菌 → 自然流布 → 自然干燥 → 甲液（具体成分见附录三）染色（5～8 min）→ 水洗 → 乙液（具体成分见附录三）冲去残水 → 乙液染色（30～60 s，稍加热）→ 玻片冷却后水洗 → 晾干 → 油镜镜检。

①菌种准备：将已活化 3～5 代的大肠杆菌接种于肉汤琼脂斜面上（试管斜面上放适量的生理盐水）培养 8～12 h，然后用接种环在斜面与液面的交界处轻轻取一环，放入盛有 0.5～1 mL 无菌水的试管内浸脱（必要时可取两次），但不要振动接种环或摇动试管，让菌的鞭毛在水中充分地伸展并游动开来。冬天室温低时，可把试管置于 37 ℃恒温箱中保温 10～15 min，以促进细菌鞭毛的活动。

②准备干净的载玻片：载玻片一定要十分干净，否则染色液沉积于玻片上会使鞭毛不能在显微镜下呈现。选择光滑无纹的载玻片，用新配制的洗涤液泡数小时，再用水冲净，用干净的绸布擦干备用。

③取菌：用接种环自菌液中小心挑取一环，轻放在干净、无油脂的载玻片上，倾斜玻片使液滴自然流布，不要涂布，以免鞭毛脱落。自然干燥，或置于 37 ℃恒温箱中干燥，无须固定。

④染色：在涂片上滴加鞭毛染色甲液，染色 5～8 min，水洗。将残水沥干或用乙液冲去残水后，滴加乙液，将玻片在酒精灯上稍加热使其微冒蒸汽而不干涸。根据玻片上褪色印记深浅来决定染色时间，呈黄褐色即可，一般 30～60 s 或稍久一点，玻片冷却后水洗。

⑤晾干、镜检：在显微镜油镜下观察，鞭毛和菌体皆呈褐色，菌体比普通染色的菌体大得多。

3. 注意事项

（1）由于鞭毛纤细，很容易脱落，因此在整个实验过程中，必须仔细小心，动作要轻，勿摇动、涂布，自然干燥，防止鞭毛脱落。

（2）玻片要干净、无油脂，水洗要充分。

（3）进行乙液染色时，加热不可太剧烈。

（4）选择合适菌龄的细菌。

四、思考题

1. 革兰氏染色及芽孢染色过程中，哪些操作是实验成败的关键？为什么？

2. 为什么芽孢染色和褪色均比营养细胞困难？为什么芽孢与营养细胞能被染成不同的颜色？

3. 鞭毛染色法的原理是什么？在染色过程中应注意哪几个关键环节？

附：用悬滴法观察细菌的运动情况（选做）

细菌是原核生物，没有主动运动的能力，但是部分细菌的菌体外周有鞭毛、纤毛等附属结构。在水环境下这些结构具有趋同一致的摆动或摇动的能力，所以可以驱动菌体运动。这类细菌在水中具有了一定的被动运动能力，常常运动方向一致，所以运动性是鞭毛菌或者纤毛菌的一个重要特征。

采用凹玻片，取大肠杆菌、枯草杆菌或卡他双球菌悬液滴在盖玻片上，翻转盖玻片使菌液朝下，悬于凹玻片中（凹面朝上），形成一封闭小室。也可在凹玻片边缘涂上少许凡士林，用翻转凹面朝下的玻片去贴合盖片上的菌液滴，贴合以后整套翻转。用高倍镜在光圈暗视野下可直接观察鞭毛菌的运动情况（图2-5）。

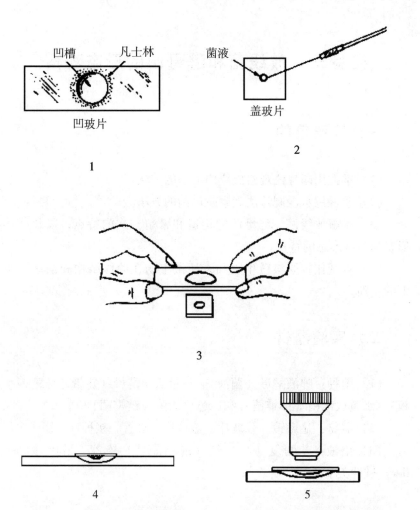

注: 1. 在凹玻片的凹槽边缘涂抹少许凡士林; 2. 取菌液滴加在盖玻片上;
3. 翻转凹玻片使凹面朝下扣合在菌液滴上; 4. 再翻转扣合的两个玻片; 5. 于
高倍镜暗视野下观察

图2-5　悬滴标本制法

实验三　放线菌和酵母菌的形态观察

一、实验目的

（1）掌握用印片法观察放线菌形态的方法。

（2）掌握用水浸制片法观察酵母菌的方法。

（3）了解放线菌、酵母菌的构造和繁殖方式的特点，以及菌落形态和菌体形态的特点。

（4）直观比较原核微生物和真核微生物在菌体结构和菌体大小上的差别。

二、实验器材

（1）菌种：啤酒酵母（菌液）、热带假丝酵母（热带念珠菌，平板）、细黄放线菌（链霉菌）和白色放线菌（链霉菌）（平板）。

（2）器材：显微镜、载玻片、盖玻片、吸管、接种环、镊子。

（3）染液：苯酚复（品）红（或结晶紫）染液、吕氏（Loef-fler）碱性美蓝染液。

三、实验原理和内容

1. 实验原理

放线菌是一类丝状的多细胞（亦称多核单细胞）原核微生物，细小如细菌，其菌体主要以丝状形态存在，称为菌丝（包括气生菌丝和基内菌丝两部分）。放线菌的繁殖主要以气生菌丝断裂分化的方式进行，首先在气生菌丝的向外端形成分隔和断裂点，成为有明显断点的分节菌丝，称为孢子丝；进一步成熟后，孢子丝将彻底断裂分离形成独立的孢子；此后成熟的孢子又可以发育成完整菌丝，完成世代交替过程。因此，放线菌的形态主要以菌丝、孢子丝和孢子的形式出现，其中菌丝的颜色、形状、粗细度，孢子丝的断裂长度，以及孢子的形状、长宽度、两端特点和颜色等都是分类的重要依据。

在早期的分类中，放线菌被列入细菌大类，这源于它们同为原核生物，但放线菌的多细胞菌丝状特性与细菌单细胞是有显著差异的。所以，随着分类学的发展，放线菌从细菌中脱离被单列为放线菌大类。同时，其原核生物的特性又使得这类菌丝与作为真核生物的霉菌菌丝也有着显著的差异。

酵母菌不是一个独立分类单元的名称，而是一类单细胞的真核微生物的统称，其分类地位甚至跨越了子囊菌纲、担子菌纲和半知菌类。酵母菌的细胞核与细胞质已经明显分化，营养体细胞比原核细菌要大得多，繁殖方式也较为复杂。酵母菌菌体的单细胞形态为球形或椭圆形，而处于分裂繁殖状态时常呈现大小不一的二联体、三联体甚至多联体，因此这些形态组合就成为观察酵母菌群体时的常见典型形态。假酵母的无性繁殖主要是出芽生殖（芽殖）和分裂繁殖（裂殖），仅裂殖酵母属通过分裂方式繁殖；真酵母的有性繁殖是通过雄配子和雌配子的接合产生子囊、子囊孢子，因此它是属于真菌中的子囊菌纲、酵母菌科，除此之外还有部分是倾向于担子菌的繁殖方式。当酵母进行了一连串的芽殖后，如果长大了的子细胞与母细胞没有立即分离，两者间仅以极狭小的面积相连，这种藕节状的连接细胞就称为假菌丝；与此相反，如果细胞相连且其间的横隔面积与细胞直径一致，则这种竹节状细胞串通常称为真菌丝。假菌丝与真菌丝都是相对的概念，二者之间并没有绝然的分野，通常真菌丝是由假菌丝发育而来。某些酵母菌在合适的温度或者营养条件下，可以完全以菌丝的形态存在。

酵母菌染色常用美蓝染液，美蓝处于氧化态时呈蓝色，处于还原态时为无色。活体染色时，由于活细胞代谢过程中的脱氢作用，美蓝接受氢后就由氧化态转变为还原态，因此活细胞表现为无色；而衰老或死亡的细胞由于代谢缓慢或停止，不能使美蓝还原，故细胞呈蓝色或淡蓝色。

2. 放线菌的形态观察

放线菌的菌丝分化为两部分，即深入培养基的营养菌丝（又称基内菌丝）和生长于培养基上面的气生菌丝。有些气生菌丝分化成各种孢子丝，可呈螺旋形、波浪形或分枝状等。孢子由孢子丝断裂而来，常呈圆形、椭圆形或杆状。气生菌丝、孢子丝及孢子的形状和颜色常作为分类的重要依据。

（1）观察平板（观察菌落形态）：肉眼观察平板菌落的形态，重点观察放线菌的菌落形态、大小、颜色和质地（图 3-1）。

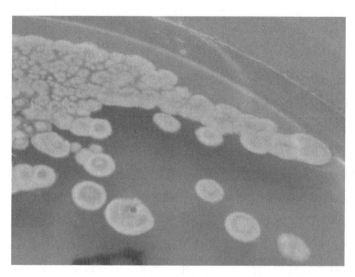

图 3-1　肉眼观察放线菌的平板菌落

（2）通过显微镜观察平板（观察菌丝及孢子丝形态）：将平板菌落直接置于低倍镜下，开盖观察；或用接种铲或镊子从放线菌的菌落边缘挑出一块很薄的培养基（要求菌少、培养基薄）放于载玻片上，用低倍镜观察。注意观察菌丝和孢子丝的形态（弯曲或螺旋状）。

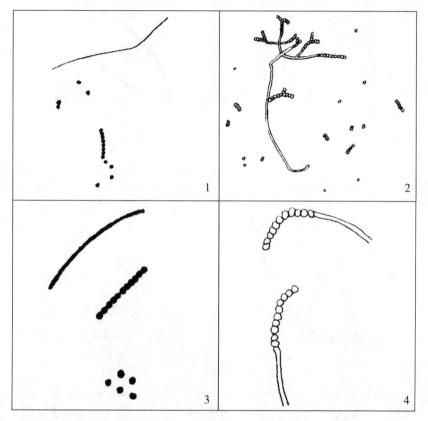

图3-2　白色放线菌的气生菌丝、孢子丝和孢子（1、2、3、4 为逐级放大）

（3）观察印片（观察孢子形态）。切取菌落菌块（约1 cm²）→玻片印片 → 微火固定 → 用结晶紫溶液染色（1 min）→ 水洗 →干燥 → 用油镜镜检（菌丝、孢子丝、孢子）。

玻片印片方法：挑取（切取）带有一些菌落的培养基菌块平放于玻片上，菌落面朝上，用另一块洁净玻片与菌块相向靠近、接触，轻轻按压，使其粘附一定数量的孢子及孢子丝（印片），勿使玻片在菌落上水平向移动。将印片玻片用微火固定，用普通染色法染色后，用显微镜油镜镜检（图3-2、图3-3）。

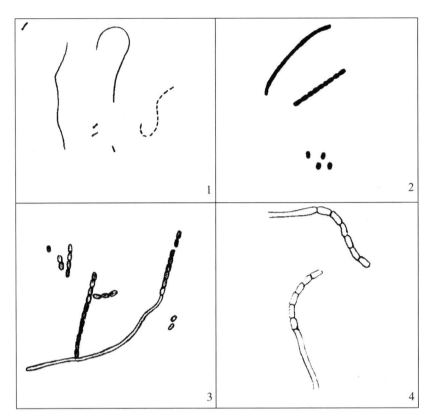

图 3-3　细黄放线菌的气生菌丝、孢子丝和孢子（1、2、3、4 为逐级放大）

3. 酵母菌的形态与假丝酵母的特征

（1）观察平板：肉眼观察酵母菌的平板菌落整体形态，注意菌落的形态、大小和质地（图 3-4）。

（2）通过显微镜观察平板（观察假丝酵母的细胞和假菌丝）：取假丝酵母的平板，直接在低倍镜下观察菌落的边缘，注意观察酵母菌体细胞及分枝状、藕节状的酵母假菌丝（图 3-5）。

（3）水浸玻片的染色制片及死活酵母的鉴别方法：玻片 → 滴加美蓝染色液 → 取酵母菌体（或酵母液）→ 混匀 → 加盖玻片 → 用高倍镜镜检（圆形或椭圆形的酵母细胞，活菌无色，老、死菌被染成蓝色）（图 3-6）。

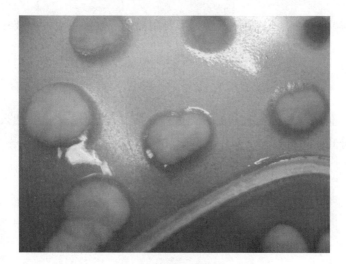

图3-4 肉眼观酵母菌的平板菌落

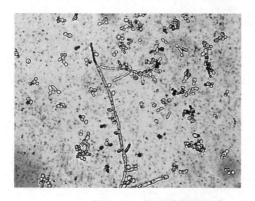 

图3-5 假丝酵母的形态（右为假菌丝）

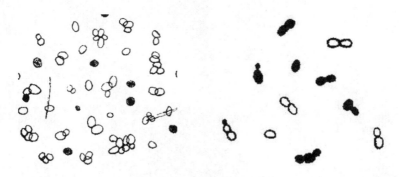

图3-6 啤酒酵母的形态

需要注意的是：制片以后，不要用油镜观察加盖玻片的玻片。

四、思考题

1. 何谓酵母菌？它们的分类地位如何（属于什么纲）？什么叫作真酵母和假酵母？什么叫作真菌丝和假菌丝？

2. 为什么观察酵母菌时用水浸法制片，而观察细菌都用涂片法制片？

实验四　霉菌的形态及无性孢子观察

一、实验目的

1. 掌握用水浸制片法观察霉菌的方法。
2. 了解霉菌细胞的构造和繁殖方式的特点。
3. 了解青霉属、曲霉属、毛霉属与根霉属的形态特征和它们之间的区别。

二、实验器材

（1）菌种：黑根霉菌、毛霉菌、黑曲霉菌（或米曲霉）、青霉菌、白地霉菌。
（2）器材：显微镜、载玻片、盖玻片、吸管、接种环、镊子。

三、实验原理和内容

1. 实验原理

霉菌是引起物质霉烂的一类丝状真菌的通称，是多细胞的真核微生物，属于微生物中进化比较高级的种类。霉菌的菌体呈丝状分枝，称为菌丝。由于菌丝分枝频繁，相互交错，丛集成菌丝体，因此霉菌在固体培养基上一般长成绒毛状或棉絮状。

在系统分类上，真菌中的各个纲中都有霉菌，绝大部分霉菌属于藻状菌纲的毛霉科、子囊菌纲的曲霉科和半知菌类的线菌科。其繁殖方式极其多样，有各种无性及有性的生殖方式。

霉菌是一类细胞发育比较完善、形体稍大的微生物，无论是菌体还是培养菌落，通常都与原核微生物和单细胞微生物有明显的大小区别。除此之外，霉菌的形态有各种各样的分化，尤其在繁殖器官上显示出大量个性化的独有特征。因此，对霉菌的识别鉴定以形态识别为主，如菌丝、孢子、孢子梗、假根和分泌产物等的特征都是鉴定的依据，涉及各部分相关的形态、种类、质地、颜色、分枝、分隔、分化度、排列、着生方式、长短、大小、粗细等方面的细微差别，而其中以产孢子和产孢梗为主的整个产孢结构的形态，为霉菌最重要的识别特征。

2．观察青霉菌

（1）观察平板：将青霉菌落的培养平板开盖后，直接置于显微镜下，用低倍镜观察。

（2）观察切块：取一个培养有青霉菌的平板，在青霉菌落的边缘铲取一薄片带有菌丝的培养基，放于载玻片上，在显微镜下用低倍镜观察菌丝分隔及扫帚状分生孢子排列的方式。

（3）观察水浸压片：取一个培养有青霉菌的平板，挑取一团菌丝（不要培养基），置于滴有一滴蒸馏水的载玻片上，盖上盖玻片，用高倍镜观察。

（4）观察青霉菌的菌丝分隔及扫帚状分生孢子结构（要求辨认分生孢子梗、小梗、次级小梗及链状分生孢子）（图4-1）。

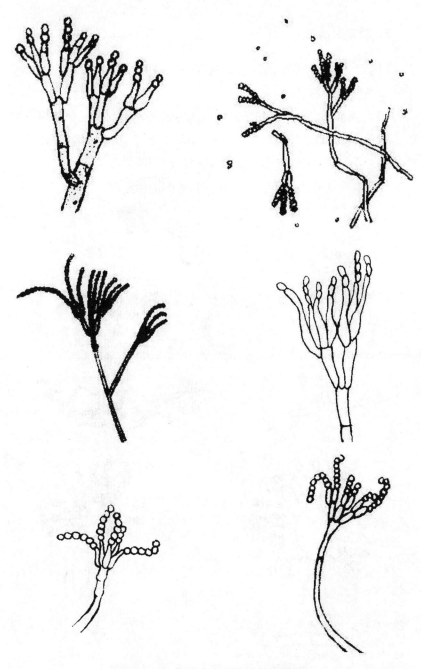

图4-1 青霉产孢结构的各种形态

3. 观察黑曲霉

（1）观察培养载片：将实验前准备的载片小培养玻片，直接置于低、高倍镜下观察。

（2）观察水浸压片：如果没做小培养的玻片，则取一个培养有黑曲霉的平板，挑取一团菌丝（不要培养基），置于滴有一滴蒸馏水的载玻片上，盖上盖玻片，于显微镜下观察菌丝分隔情况及分生孢子着生情况（要求辨认分生孢子梗、顶囊、小梗及分生孢子）（图4-2）。

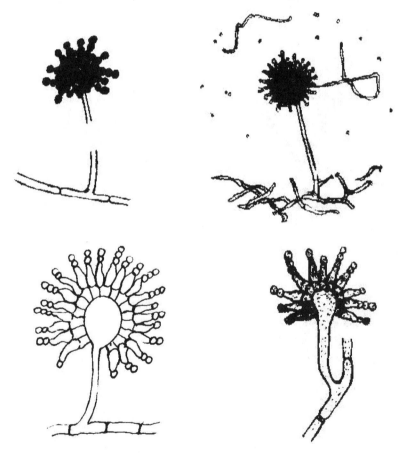

外观（上）和纵切面（下）

图4-2 曲霉的产孢结构

4. 观察毛霉和根霉

（1）观察培养载片：将实验前准备的载片小培养玻片，直接置于低、高倍镜下观察。

（2）观察水浸压片：分别取培养有毛霉和根霉的平板，用与观察青霉菌相同的方法制片，并观察菌丝有无分隔、有无假根及孢子囊着生情况（要求辨认孢囊梗或柄、囊轴、囊托、假根、孢子囊及孢囊孢子）（图4-3）。

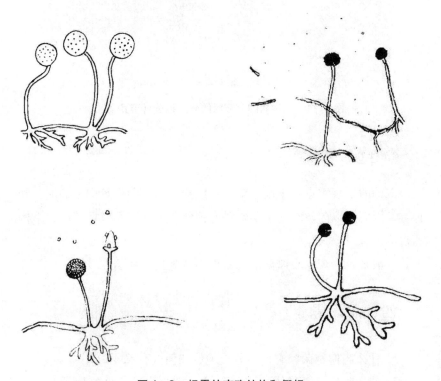

图4-3　根霉的产孢结构和假根

5. 观察白地霉

观察平板或切块：重点观察白地霉的分节状的分生孢子（节孢子）（图4-4）。

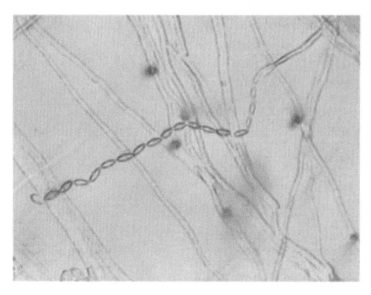

图4-4　白地霉的分节状的分生孢子（节孢子）

6. 注意事项

霉菌的观察重点在于菌丝结构、产孢结构的特征及孢子的形态和种类，因而挑取菌丝时尽量不要触及菌丝顶端，以免破坏其产孢结构的自然形态。

一般来说，观察平皿菌落的效果不及观察载片培养玻片。

四、思考题

1. 什么叫作霉菌？它们的分类地位如何（什么纲）？

2. 什么叫作子囊孢子、孢囊孢子、接合孢子、分生孢子？它们是怎样形成的？

3. 为什么观察霉菌时，用水浸法制片？

4. 比较细菌、放线菌、酵母菌和霉菌在大小、形态、构造和繁殖方式上的异同。

实验五　四大类微生物菌落的识别鉴定

一、实验目的

（1）熟悉四大类微生物群体形态的特征。
（2）进一步加深对四大类微生物菌体（单体）形态的认识。
（3）学会通过观察微生物的外形来区分四大类微生物。

二、实验器材

（1）四大类微生物的平板。
（2）被微生物腐蚀的各种天然基质。

三、实验原理和内容

1．实验原理

工农业生产常用的微生物有四大类，即细菌、酵母菌、放线菌和霉菌。由于每一大类微生物个体形态的不同，因此菌落的形态也不同。在一定条件下，不同种类的微生物菌落在形态、大小、色泽、透明度、黏湿度、致密度，以及边缘情况等方面都有所差异。常用的四大类微生物菌落的基本特征与个体形态见表5-1。

根据菌落的这些基本特征，一般就可以区分常用的四大类微生物，以便利用与改造它们。特别是在菌种筛选、菌种辨认等方面，采用菌落识别的方法简便快速，因而在工农业生产和科学实践中，该方法应用非常广泛。

表 5－1　四大类微生物菌落基本特征与个体形态比较

		细菌	酵母菌	放线菌	霉菌
菌落基本特征	形状质地	湿润、光滑、薄平	湿润、光滑、厚凸	干燥、皱、紧密、坚硬	干燥、疏松、绒状或棉絮状
	大小	一般较小，不能无限扩展	一般比细菌大，不能无限扩展	一般较小，不能无限扩展	大，能无限扩展
	透明度	半透明或不透明	不透明或稍透明	不透明	不透明
	颜色	多样	单调（多数为乳白色，少数为红色）	多样	多样
	正反面颜色	一致	一致	不一致	一致或不一致
	与基质结合	不牢、易挑起	不牢、易挑起	牢固	较牢固
	气味	臭味或其他	酒香味或其他	土腥味或其他	霉味或其他
个体形态	形状	球状、杆状、螺旋状	卵圆状、椭圆状	菌丝状	菌丝状
		单细胞	单细胞	单细胞（多核）	一般为多细胞
	大小	小而均匀	大而分化	菌丝细而均匀	菌丝粗而长，分化
		球状：$0.5 \sim 2 \ \mu m$；杆状：$0.5 \ \mu m \times (1 \sim 5) \ \mu m$	通常 $(3 \sim 5) \ \mu m \times (8 \sim 15) \ \mu m$，也有 $(1 \sim 5) \ \mu m \times (5 \sim 30) \ \mu m$	基内菌丝直径 $0.2 \sim 0.8 \ \mu m$；气生菌丝直径 $1.1 \sim 1.4 \ \mu m$	直径 $3 \sim 10 \ \mu m$
	细胞结构	原核细胞，无核膜	真核细胞，有核膜	原核细胞，无核膜	真核细胞，有核膜

2. 方法步骤

（1）根据学过的知识，进一步熟悉和掌握各大类微生物的菌落（群落）宏观特征和菌体（个体和群体）微观形态特征。

（2）运用区分各大类微生物的原则，区分鉴别平板菌落和被微生物腐蚀的天然基质的菌群。用肉眼和感观评定菌落的宏观特征，用显微镜观察菌体的微观形态。

（3）记录观察结果，分析判断，得出鉴定结论。

3. 提示与要求

（1）把上述观察和鉴定的结果，用简洁、准确的文字，记录在实验报告表中，作为一次检验考查。

（2）独立完成，不得在课堂上相互交流和讨论。

（3）四大类微生物是指通常意义上的细菌、放线菌、酵母菌和霉菌，不必鉴定到属和种。

（4）根据所提供的平皿和实物（基质）上的生长菌或者单独菌落进行观察鉴定，如果平皿或者基质上不止存在一类菌，则可以任选其中一种进行鉴定。

（5）可以将菌落的形态、质地、大小、色泽、透明度、黏湿度、致密度、扩散度及边缘情况等外观指标作为观察鉴定的依据，逐一观察记录，结合表5-1综合判断，并注意结论的充分且必要条件。

（6）对各种基质上未形成完整菌落或者较难判断的生长菌，可用前面所学的各种制片和染色方法，通过显微镜微观检查的方式加以全面综合的判断。

四、思考题

1. 四大类微生物相互间的本质区别是什么？这种区别与微生物的形态和菌落有怎样的联系？

2. 微生物的菌落特征与其菌体形态有怎样的关联？

3. 思考在微生物的菌落识别中，哪些是关键特征，哪些是辅助性特征。

实验六　显微测微技术

一、实验目的

熟悉并掌握测量微生物大小的基本方法。

二、实验器材

（1）菌种：酵母菌液、赤霉菌平板、放线菌及枯草杆菌（染色玻片）。

（2）器材：显微镜、测微计（尺）、擦镜纸。

（3）试剂：二甲苯（或擦镜液）、香柏油。

三、实验原理和内容

1. 实验原理

测量微生物的大小数值——长和宽，通常用测微尺来完成。测微尺分目镜测微尺（目尺）和镜台测微尺（台尺）两部分。

目镜测微尺为实际测量尺，圆形，其中央有细长的等分刻度，一般等分成 50 小格或 100 小格（图 6 - 1），使用时以刻度面向下放入接目镜的镜筒内，用其刻度尺来测量镜头下的样品；同时，目镜测微尺是非标准值刻度尺，其每格刻度的实际数值随显微镜镜头的放大率不同或者镜头组合的不同而改变。

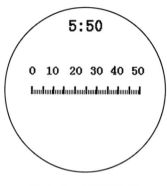

图 6 - 1　目镜测微尺

镜台测微尺是标准刻度尺，专门用于对目镜测微尺进行测前标校，长条状，貌似载玻片，中央贴一圆形玻片，带有标准值刻度，通常将总长度 1 mm 等分成 100 小格，每格为 0.01 mm（10 μm）的标准长度（图 6 - 2）。校准目镜测微尺时将镜台测微尺置于显微镜的载物台上，其刻度面向上。

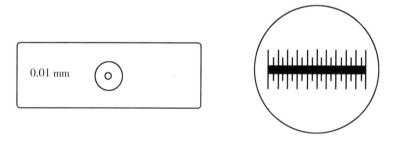

图 6 - 2　镜台测微尺

实测菌体是用目镜测微尺来完成的，但由于目镜测微尺为非标准值刻度尺，所以测前必须对它进行刻度值的标校。以台尺的标准值刻度对目尺非标准值刻度进行校正，求出在某一镜头放大倍率下目镜测微尺每小格代表的实际长度，才能用来测量微生物菌体的实际大小，这个过程称为目镜测微尺的校准。

2. 目镜测微尺的标校（校准）

从显微镜的镜筒中取下圆筒状的目镜（在有双目镜的情况下取其中一只），拧开其上端或者下缘的镜筒盖，将目镜测微尺装入接目镜的镜筒隔板上，将刻度面朝下，再拧紧筒盖；把镜台测微尺放在镜台上，将刻度面朝上。调好低倍镜聚焦距离，移动台尺，使两尺的第一刻度线零位重合，向右寻找两尺另外重合的刻度线或者一个重合段，记录两个重叠点刻度间目镜测微尺和镜台测微尺的尺长格数（整数或小数均可，刻度线重合以整数表示，刻度线不重合则以估值小数表示），得到相对应的一对数值（图 6 – 3）。由式（6 – 1）可计算出目镜测微尺每格长度。

目镜测微尺每格长度（μm）

$$= \frac{两个重叠点刻度间镜台测微尺长度格数 \times 10}{两个重叠点刻度间目镜测微尺长度格数} \qquad (6-1)$$

以图 6 – 4 为例，目镜测微尺每格长度的计算结果为：

$$目镜测微尺每格长度 = \frac{5 \times 10}{30}$$

$$= 1.67（\mu m）$$

为了减少肉眼读数的视觉误差，同一放大倍率下的镜头组合一般须选取三个不同距离的校准数值，经过计算后取平均值得出该放大倍率下的目尺每小格代表的实际长度值。方法是：将两尺的零刻度线重合后，在两尺上分别向右取不同重合段的三对对应数值（一般各取镜头视野中左、中、右位置的三个重合点，重合点数值可以选整数，如没有适当的整数值也可以估取小数），经过上述公式计算，分别得出三个校准数值，最后取三个数值的平均值（可保留至小数点后一至二位）。

再以高倍镜、油镜重复以上操作，记录并计算每种倍率下目镜测微尺每一格所代表的长度。最后得出低倍镜、高倍镜和油镜下目镜测微尺每一小格代表的实际长度值。

在显微镜油镜下，由于放大倍数高，视野中看到的台尺刻度线可能不是一条细线而是一条有宽幅度的条幅，这种情况下目尺中的细线以对准台尺条幅线的最左边为起点（零点）位，余后各条幅线的对准位均以此为参照。

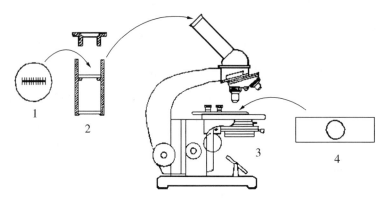

1. 目镜测微尺；2. 目镜；3. 显微镜；4. 台镜测微尺

图6-3　测微尺的装置

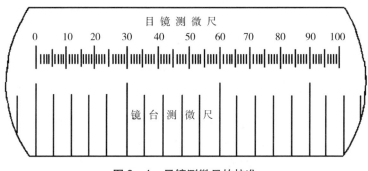

图6-4　目镜测微尺的校准

3. 实菌的测定

取下镜台测微尺，放上待测的带菌玻片标本，测出菌体长与宽各占目镜测微尺的几格，即可算出菌体大小。例如：菌体长占目镜测微尺的两格，而每格若是1.67 μm，则该菌体长为3.34 μm（2×1.67 = 3.34 μm）。

（1）细菌和放线菌：测枯草杆菌的长度与宽度和放线菌菌丝的

直径，须在油镜下观察。

（2）霉菌：测量赤霉菌（或白地霉）的菌丝直径，须用水浸片制片，在高倍镜下观察。一般赤霉菌的菌丝稍粗，比较适合初学者测量。

（3）酵母菌：球形酵母测直径，椭圆形酵母测长和宽。滴一滴菌液于玻片上，盖上盖玻片，在高倍镜下观察。

注意：①随机选 5 个菌体，最后取平均值。②清洗镜台测微尺上的香柏油时，清洗剂勿用太多，以免造成中心刻度玻片的脱胶和脱落。③测微尺为精密玻璃量具，价格昂贵，使用时须小心，避免使其损坏、碎裂。

四、思考题

1. 用测微尺测量微生物大小时应注意哪些事项？

2. 为什么目镜测微尺必须用镜台测微尺校准？不同的镜头系列和镜头组合中目镜测微尺每一格所代表的微米数值是否相同？

实验七　微生物培养基的制备

一、实验目的

（1）了解培养基的配制原理。

（2）掌握培养基的制备过程，包括培养基的成分配比、酸碱度调节方法等。

（3）学习固体、半固体和液体培养基的制备方法。

二、实验器材

（1）材料：牛肉膏、蛋白胨、NaCl、琼脂、可溶性淀粉、K_2HPO_4、$MgSO_4$、KNO_3、$FeSO_4$、马铃薯、蔗糖、10% NaOH 溶液、10% HCl 溶液。

（2）用具：试管、三角瓶、烧杯、漏斗、量筒、纱布、棉花、天平、电炉、牛皮纸（或废报纸）、棉绳、玻璃棒、pH 精密试纸。

三、实验原理和内容

1. 实验原理

培养基是按照微生物生长、繁殖或积累代谢产物所需的各种培养基质，用人工方法配制而成的培养物。

由于各类微生物对营养的要求不尽相同，营养条件千差万别，因此人工培养基的种类繁多，但微生物所需的营养物质不外乎以下几类：水、碳源、氮源、无机盐和生长因子等。培养细菌常用肉汤蛋白胨培养基，培养放线菌常用淀粉培养基（高氏一号），培养霉菌常用麦芽汁或马铃薯培养基。在培养基中加入某种化学物质抑制一些杂菌的生长，而促进某些菌的生长，这种培养基称为选择性培养基。选择性培养基适用于从土壤中或混有多种微生物的样品中分离所需要的微生物。

根据培养基的物理性质，可将其分为液体、固体、半固体三种。可根据不同的目的配制不同性状的培养基，固体培养基是在液体培养基中加入 1.5%～2% 的琼脂；半固体培养基是在液体培养基中加入0.3%～0.5% 的琼脂；液体培养基则不需要加入琼脂。

培养基除了要有可以满足微生物所必需的营养物，还须满足各类微生物要求的一定的酸碱度（如霉菌和酵母菌的培养基偏酸性，细菌、放线菌的培养基一般为中性或微碱性）和渗透压，因此每次配制培养基时，都要将培养基的 pH 值调节到所需的范围。

2. 培养基配方

配方一：牛肉膏蛋白胨培养基（肉汤培养基）

牛肉膏	0.5 g
蛋白胨	1 g
NaCl	0.5 g
水	100 mL
pH	7.6

在此配方的基础上加入 2% 的琼脂，则制成固体培养基；加入0.5% 左右的琼脂，则制成半固体培养基。

配方二：马铃薯培养基（PDA 培养基）

马铃薯	20 g
蔗糖	2 g
琼脂	1.5～2 g
水	100 mL
pH	自然

配方三：高氏一号培养基（淀粉培养基）

可溶性淀粉	2 g
K_2HPO_4	0.05 g
$MgSO_4 \cdot 7H_2O$	0.05 g
KNO_3	0.1 g
$FeSO_4 \cdot 7H_2O$	0.001 g
NaCl	0.05 g
琼脂	1.5～2 g
水	100 mL
pH	7.2～7.4

3. 方法步骤

（1）称量：按照培养基的配方，准确称量。

（2）溶解：先往容器内加入少量水，将各培养基成分按顺序加入容器内加热溶解，然后补足所需水量（如配方中含有淀粉，需要先用少量冷水将淀粉调成浆状才能倒进热水中）。

（3）调 pH：制备好的培养基酸碱度往往不一定在所需要的范围内，故须用 pH 试纸或酸度计来测试并矫正。一般用 10% NaOH 溶液或 10% HCl 溶液调至所需的 pH。

（4）熔化：配制固体培养基时，须加入琼脂，并加热至琼脂完全熔化。在熔化过程中必须经常搅拌，避免琼脂烧焦或外溢，最后须补足在加热过程中所蒸发的水分（可在加热前于器皿壁上做刻度标记，加热结束后再补足适量水至标记刻度）。

（5）过滤：液体培养基用滤纸过滤，固体培养基用纱布趁热过滤。一般无特殊要求的情况下，这一步可以省去。

（6）分装：取玻璃漏斗一个，装在铁架上，漏斗下连接一橡胶管，橡胶管与一玻璃管嘴相接。橡胶管上加弹簧止水夹，用以控制管内液体的流止。分装时，将培养基盛于漏斗中（固体培养基须趁热分装），左手拿着空试管的中部，并将漏斗下的玻璃管嘴插入试管内，以右手拇指及食指开放弹簧夹、中指及无名指夹住玻璃管嘴，使培养基直接流入试管内（图7-1）。注意不得使培养基黏附在上段管壁，尤其要避免污染管口或瓶口，以免沾湿棉塞，导致培养基被杂菌污染。

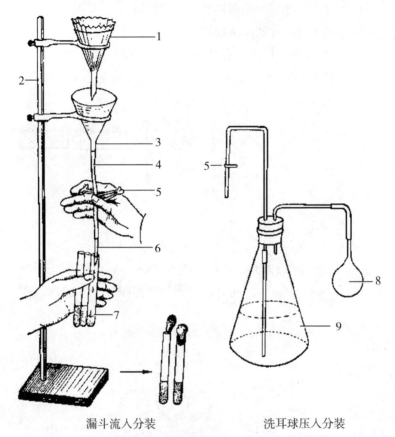

漏斗流入分装   洗耳球压入分装

1. 过滤漏斗；2. 铁架；3. 玻璃三角漏斗；4. 乳胶管；5. 弹簧铁夹；
6. 玻璃滴管；7. 试管；8. 洗耳球；9. 培养基

图7-1　试管培养基的分装装置

（7）装量：液体培养基分装高度以试管高度的1/4左右为宜，固体培养基以管高的1/5为宜，半固体培养基以管高的1/3为宜，分装三角瓶的容量以不超过三角瓶容积一半为宜，倒平板时一般每皿装15 mL左右。

（8）制备棉塞及包扎：所有装好培养基的试管及三角瓶，在进行灭菌前都应加上棉塞封口，这样可以过滤空气，避免受外界空气中杂菌的污染。做棉塞的材料以非脱脂的棉花为佳，避免吸水吸湿。棉塞要松紧合适，紧贴管壁不留缝隙，以防空气中杂菌沿缝隙侵入容器。可以在棉塞外面包一层医用纱布，用棉线将开口端扎牢，这样做出的棉塞规整美观，方便多次使用。

图 7-2 所示为常用的一种棉塞做法的步骤。棉塞的 2/3 应在试管内，上端露出 1/3，便于拔取。棉塞大小及形状如图 7-3 所示。

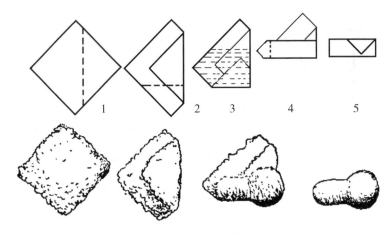

注：1、2、3、4、5 为棉花垫的折叠顺序

图 7-2　棉塞的制作

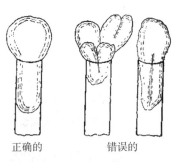

图 7-3　棉塞的大小及形状

塞好棉塞之后，将试管扎成捆，试管口端外包一层牛皮纸或废报纸，用棉线或橡皮筋捆扎结实，并挂一标签，注明培养基的名称、种类及组别。

棉塞也可用方便实用的铝质或者塑料试管帽代替（图7-4）。现在也常用透气良好的专用硅胶试管塞或瓶塞，棉塞的使用反而越来越少。对于三角瓶的瓶口，除用棉塞或硅胶塞之外，也可用多层医用纱布或者铝箔纸作短期的封口。

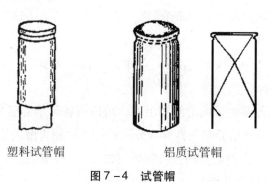

塑料试管帽　　　　　　　铝质试管帽

图7-4　试管帽

（9）高压蒸汽灭菌：具体操作见"实验八　灭菌与消毒技术"部分。

（10）放置斜面：灭菌后需要摆斜面的固体培养基，在培养基未凝固前将试管搁置在一根长的玻璃棒或木棒上，使试管口端略高于试管底端，待冷却凝固后即成斜面培养基。斜面的长度一般不超过试管总长的1/2。已捆绑成扎的试管，可以成捆地摆放斜面，不必拆散摆放（图7-5）。

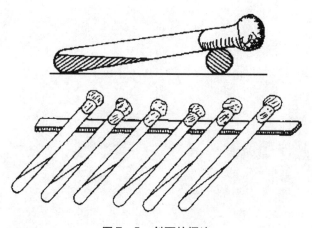

图7-5　斜面的摆法

4．制作培养基的注意事项

（1）加热过程中要不断搅拌，最后须补足蒸发的水分。

（2）分装培养基时，注意不得使培养基沾染瓶口或试管壁上端，以免沾湿棉塞，容易引起杂菌污染，如果不慎沾上了培养基，应用纱布拭净再塞棉塞。

（3）培养基配好后，必须立即灭菌，如果暂时不做灭菌处理，应放入冰箱保存。

（4）培养基的灭菌时间和温度，须按照各种培养基的要求进行，以保证在不破坏培养基的营养成分的前提下达到灭菌效果。

（5）灭菌后的培养基，一般必须放在 37 ℃恒温箱中，保温培养 1～3 天，确定无菌生长后方可使用。

四、思考题

1．培养不同微生物能否用同一培养基和统一的 pH？为什么？

2．培养基为什么要灭菌后再用？为何各种培养基的灭菌时间和温度有所不同？

实验八　灭菌与消毒技术

一、实验目的

（1）了解消毒和灭菌的基本原理及其应用。
（2）掌握实验室中常用的灭菌方法和消毒方法。

二、实验器材

高压蒸汽灭菌锅、恒温电热干燥箱、蔡氏滤器、培养皿、吸管、真空泵、紫外灯管等。

三、实验原理和内容

灭菌与消毒的含义不同，前者是指杀死或消灭一定环境中的所有微生物；后者是指消灭病原菌或有害微生物。灭菌与消毒的方法很多，可分为物理方法和化学方法两大类。物理方法包括加热灭菌（湿热灭菌、干热灭菌）、过滤除菌、紫外线灭菌等。化学方法主要是利用有机或无机试剂对实验用具和其他物体表面进行灭菌或消毒。

下面分述各方法的基本原理及操作。

（一）加热灭菌

加热灭菌分为湿热灭菌和干热灭菌两种。湿热灭菌包括高压蒸汽灭菌、间歇灭菌、煮沸灭菌等。干热灭菌包括直接灼烧法、恒温干燥箱灭菌法等。无论哪种加热的方法，其基本原理是一样的，即通过加热使细菌体内的蛋白质凝固变性，从而达到杀灭细菌的目的。蛋白质的凝固与蛋白质中含水量的多少有关，含水量较多者，其凝固所需要的温度较低。反之，含水量较少者，需较高温度才能使其蛋白质凝固。因此，灭杀芽孢比灭杀营养体所需要的温度高。

在同一温度下，湿热灭菌的杀菌效率比干热灭菌高，因为在湿热情形下，菌种易吸收水分，便于蛋白质凝固。同时，湿热的穿透力强，而且当蒸汽与被灭菌物体接触凝结成水时，又可放出热量，使温度迅速增高，从而增加灭菌效力。几种加热灭菌的操作方法分述如下。

1. 高压蒸汽灭菌

高压蒸汽灭菌是利用高压蒸汽来达到灭菌的目的，其温度在100 ℃以上，有强大的杀菌能力，灭菌时是在高压蒸汽灭菌锅（图8-1、图8-2、图8-3）内进行的。高压蒸汽灭菌常用于对液体物质的灭菌。一般情况下，将灭菌锅内残留冷空气排尽后，控制并保持锅内压力为0.1 MPa，使锅内温度达到121 ℃，维持25分钟。特殊情况下，一些耐热性差的营养培养基，可通过降低灭菌压力并延长灭菌时间的方式，既达到灭菌的效果而又尽量保证培养基中的每一种营养成分不因为灭菌而被破坏。

具体操作方法如下：

（1）打开灭菌锅锅盖，向锅内加适量水。加热灭菌时，不加水或水量不够将可能导致灭菌锅彻底烧干，继而烧爆发热管，导致灭菌锅报废。

（2）加水后，将待灭菌的物品放入锅内，不要放太满，以免影响蒸汽的流通和灭菌效果。加盖旋紧螺旋，使蒸汽锅密闭。

（3）打开蒸汽活塞（放气阀、放气开关、排气阀），加热（煤气、蒸汽或其他的加热方式），自排气口开始产生蒸汽后让其自然排气10分钟（此时通过蒸汽将锅内的冷空气由排气孔排出），之后关闭蒸汽活塞，让锅内温度随蒸汽压力的逐渐增高而缓慢地上升。锅内压力的升降情况可通过压力表读出，待读数逐渐上升至所需的压力后，通过控制热源的强度（如调低热源电压、减少热源或关闭部分发热管组等）或调节排气（可通过排气阀缓慢均匀地排出部分热蒸

54

汽），维持所需的压力数值及维持所需的时间，待时间结束后关闭热
源，压力随之下降并逐渐回零。

　　高压锅（灭菌锅）上的放气阀（排气阀）是一个很重要的控制
部件，可以灵活开关，用于对锅内压力进行人为地控制调节。但当锅
内压力很高时，放气阀不能打开过大，以免引起锅内物质冲爆，引发
危险。安全阀（保险阀）也是一个控制气流和气压的部件，当锅内
压力过高、超过额定数值时，安全阀会自动开启以减压排险。正常情
况下不要手动操作安全阀，更不要用安全阀来代替放气阀排气。

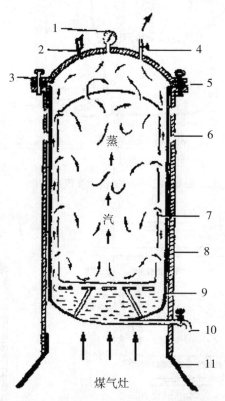

1. 压力表；2. 安全阀；3. 锅盖；4. 放气阀；5. 压盖螺母和橡胶垫圈；
6. 烟通孔；7. 装料桶；8. 保护壳；9. 蒸汽锅壁；10. 排水口；11. 支架

图 8－1　立式高压蒸汽灭菌锅

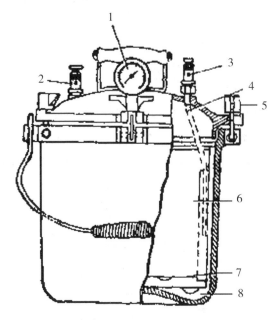

1. 压力表；2. 安全阀；3. 放气阀；4. 软管；
5. 紧固螺栓；6. 装料桶；7. 筛孔架；8. 水

图 8－2　手提式高压蒸汽灭菌锅

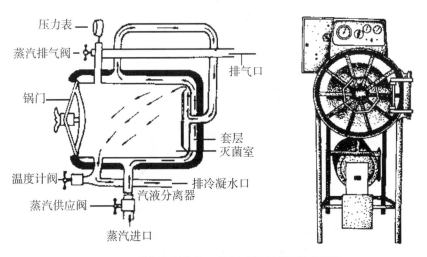

图 8－3　卧式高压蒸汽灭菌锅（图示侧面和正面）

（4）当压力表显示锅内的气压降至 0 时，彻底打开排气阀，使锅内外气流相通后，才能旋开锅盖，取出锅内物品。压力未降至 0 时，切勿打开锅盖，以免发生冲爆危险。如果时间急迫，可以在关闭热源后人为操作排气阀缓慢排气，使压力快速回降至 0，再开锅取物。取物时须戴上手套或使用毛巾，小心谨慎取出物品，避免烫伤或弄洒已灭菌的物品。

（5）灭菌后，将培养基放置于 37 ℃恒温箱 24 小时，做无菌培养检验。若培养基无菌生长，则可保存备用。若是斜面培养基，则须从锅内取出后趁热立即摆成斜面，待冷却凝固后也放于 37 ℃恒温箱培养，确保无菌生长后再保存备用。

高压蒸汽灭菌是应用最广的一种灭菌方法，一般培养基、玻璃器皿及传染性标本等都可以应用此法灭菌。但应用此法灭菌的关键是在压力上升之前，必须先让蒸汽将锅内的冷空气完全排出再关闭排气阀门，否则，即使压力表读数为 0.1 MPa，但锅内的温度还达不到正常灭菌所需的 121 ℃（表 8-1），就可能会造成灭菌不彻底或灭菌失败。

表 8-1　灭菌锅内留有不同比例空气时压力与温度的关系

压力表读数			排出全部空气时的温度/℃	排出 2/3 空气时的温度/℃	排出 1/2 空气时的温度/℃	排出 1/3 空气时的温度/℃	空气不排出时的温度/℃
MPa	kgf/cm²	psi					
0.03	0.35	5	108.8	100	94	90	72
0.07	0.70	10	115.6	109	105	100	90
0.10	1.05	15	121.3	115	112	109	100
0.14	1.40	20	126.2	121	118	115	109
0.17	1.75	25	130.0	126	124	121	115
0.21	2.10	30	134.6	130	128	126	121

注：压力单位过去一般用 psi 和 kgf/cm² 表示，现已不用，改用法定压力单位 Pa 或 bar 表示，具体换算关系为：1 psi ≈ 6.89 kPa ≈ 6894.76 Pa；1 kgf/cm² ≈ 98.07 kPa；1 bar = 100 kPa = 0.1MPa ≈ 14.5 psi ≈ 1.02 kgf/cm²。

同时要注意，使用高压灭菌设备涉及压力容器安全问题，不可掉以轻心。在实验过程中，每台设备须有专人负责看管；使用者必须熟悉并严格遵守操作规程，避免疏忽和麻痹大意。

实验室用的高压灭菌设备现已逐渐步入自动化控制的发展轨道，借助于电脑程序控制和高效精致的控制元件，各种全自动和半自动操控的新型高压灭菌设备不断出现，基本可以实现对温度、压力、灭菌与保温时间甚至预排冷空气过程的全面自动化控制，既方便操作又极大地提高了工作效能和安全水平，是高压灭菌设备的发展方向。以日产 HIRAYAMA HVE-50 全自动高压灭菌器为例，各项电子轻触式操控按钮和数据显示都集中在控制面板上（图8-4），灭菌中所需的各种设置选项和操作基本可以在控制面板上分步一次性完成，一旦设定，剩下的灭菌工作就可交由机器自动完成。

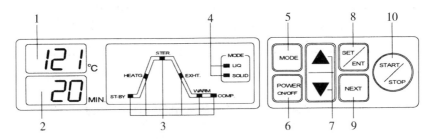

1. 温度或出错显示；2. 时间或排气模式显示；3. 进程显示；4. 工作模式显示；
5. 模式选择按钮；6. 电源开关按钮；7. 数值设置增减按钮；8. 设置/设定按钮；
9. 选项按钮；10. 启动/取消按钮

图8-4　HIRAYAMA HVE-50 全自动高压灭菌器的控制面板

HIRAYAMA HVE-50 全自动高压灭菌器的操控使用方法详述如下：

（1）机身右侧面板的"POWER"（电闸）向上扳动至"ON"位置，接入电源。按上部控制面板"POWER ON/OFF"开启仪器电源，机器即进入待机状态，面板进程灯的"ST-BY"开始闪亮，消毒模式和温度显示也开始闪亮。

（2）确认前面板右边的压力表指示针在零位（0 MPa），将前侧面板上部的开关控制杆横拨置于右侧"UNLOCK"处。双手紧握上盖把手，上提，打开上盖。加入灭菌用水（蒸馏水或去离子水）至内胆底部中心的水平面量孔高度。用盛物筐装好待灭菌物品，分层装入。

（3）放好灭菌物品后，压下上盖，关严至磁吸扣锁牢，将前侧开关控制杆向左横拨至"LOCK"处，排气旋钮按顺时针方向旋紧至"CLOSE"位置。

（4）按"MODE"轮流选择消毒/排气模式，选定后面板"MODE"项下 LIQ（琼脂模式）、LIQ（液体模式）或 SOLID（固体模式）指示灯常亮。

（5）按"SET/ENT"，面板温度（℃）显示灯闪亮，按"▲"或"▼"增减调节，设定灭菌温度。再按"NEXT"，面板时间（min，分钟）显示灯闪亮，按"▲"或"▼"增减调节，设定灭菌时间。

（6）按"NEXT"，可继续设置排气速率（在排气减压模式下）和保温温度（在琼脂模式下），面板显示灯闪亮，按"▲"或"▼"增减调节（此两项在普通液体和固体模式下不一定出现）。按"SET/ENT"保存设置，显示器停止闪烁。

排气方式中，P-0 表示不设置，P-1 表示微小体积脉冲式排气，P-2 表示小体积脉冲式排气。

（7）按"START/STOP"启动灭菌，机器进入自动工作状态（第二次按"START/STOP"将取消灭菌）。灭菌开始，面板上的进程灯逐级闪亮以显示机器的即时工作状态，依次进程为 ST-BY（待机）→HEATG（升温）→STER（灭菌）→EXHT（减压/降温）→WARM（保温）→COMP（结束）。

（8）灭菌完成，机器鸣叫三次，进程灯固定在"COMP"位置闪亮，表明机器灭菌工作结束。待前侧压力表读数显示压力归零（0 MPa）时，可以开盖取物。

（9）将前侧面板排气旋钮逆时针旋转至"OPEN"位置，上端开关控制杆向右横拨至"UNLOCK"处，用双手上提打开上盖，取出灭菌物品。

（10）最后按"POWER ON/OFF"关闭仪器电源，再向下扳动右侧面板的电闸至"OFF"位置，切断电源，结束灭菌。

注意事项：①每次使用灭菌器前必须检查机器内胆是否有足够的灭菌用水，须保证水位不低于内胆底部中间水面量孔中的铁条，并且要使用纯净去离子水。长期不用时要排干内胆的存水。②使用中须经常检查机身前部排气壶内的水位，务必保持在"LOW"和"HIGH"之间。③前部面板的手动排气旋钮在使用中须处于关闭状态。

2. 间歇灭菌

有些培养基（如明胶培养基、含糖培养基、牛乳培养基等）因不耐高温，可采用间歇灭菌法。在100 ℃下灭菌30分钟足以杀死一切细菌的营养体，但是不能杀死芽孢，因此，间歇灭菌是指将待灭菌培养基经第一次灭菌后（100 ℃，30分钟），取出置于37 ℃恒温箱培养半天，使芽孢萌发为营养体，第二次再在100 ℃下灭菌30分钟，使萌发的营养体被杀死。为避免其中仍有芽孢残留，可再次培养后进行第三次灭菌，以达到彻底灭菌的目的。

具体步骤如下：

（1）向灭菌器内加水，加热，使水温达100 ℃，灭菌30分钟。

（2）每次灭菌30分钟，连续灭菌三次，第一次、第二次灭菌后，把培养基放入37 ℃恒温箱培养8～12小时后再进行下一次灭菌。

3. 煮沸消毒

给注射器和解剖器械等消毒，均可采用煮沸消毒的方式。其方法是先将注射器等用纱布包好，然后放进煮沸消毒器内，加热煮沸。对于一般细菌的营养体，煮沸即可达到灭菌目的，但对其芽孢需要延长煮沸时间，往往须煮沸1～2小时。也可以在水里加入1%碳酸钠，不仅可促使芽孢死亡，而且可以防止金属器械生锈。

4．干热灭菌法

干热灭菌利用热空气灭菌，适用于试管、吸管、三角棒、培养皿等玻璃器皿的灭菌，培养基或溶液、纤维和橡胶用品则不能用此法灭菌。通常利用恒温干燥箱（图8–5）进行干热灭菌。

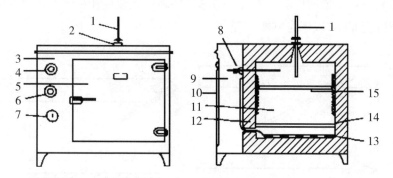

1．温度计；2．排气阀；3．箱体；4．控温旋钮；5．箱门；6．指示灯；
7．开关；8．温控阀；9．控制室；10．侧门；11．工作室；12．保温层；
13．电热器；14．散热板；15．搁板

图8–5　恒温干燥箱的外观和内部结构

干热灭菌的具体操作步骤如下：

（1）将包扎好的待灭菌物件放入恒温干燥箱内。

（2）将干燥箱的门关好，插上电源插头，打开开关，旋动恒温调节器至所需温度。

（3）待温度上升至160 ℃时，借恒温调节器的自动控制功能，保持所需的温度2小时，即灭菌完毕。

（4）中断电源，让干燥箱的温度自然下降，待温度降至室温左右时，打开箱门，取出灭菌物品。

注意事项：①灭菌的器皿必须干燥，否则容易破裂。②均应在试管瓶口、管口用棉塞，或者瓶塞、试管塞、试管帽、纱布和铝箔纸等封口，再外包一层纸并用棉线扎牢（如果用铝箔纸封口则不宜扎线）；培养皿、三角扩散棒、移液管（吸管）应用纸包好（图8–6），方能灭菌。注意包扎移液管（吸管）前应在上端管口内塞入少许棉花，起过滤空气的作用。③灭菌温度不超过170 ℃，否则棉花和纸会被烧焦，甚至会发生燃火事故，所以在使用恒温干燥箱时要随时检查温度情况，以防止自动恒温调节失灵。④灭菌结束后，箱内温度依然很高，不要立即开启箱门。若温度没有降下来就开箱门，冷空气突然进入高温的箱内，玻璃器皿可能会炸裂；另外，热空气冲出，有致身体受创的风险。因此，切忌灭菌结束立即打开箱门，必须等温度降至60 ℃以下时方能打开。

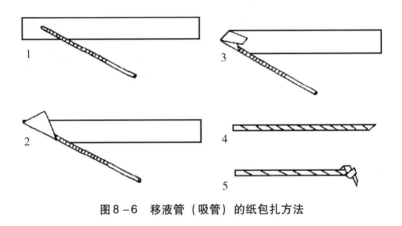

图8-6　移液管（吸管）的纸包扎方法

（二）过滤除菌

过滤除菌是用细菌过滤器（图8-7）进行的一种除菌方法，此过滤器的过滤板孔眼非常小，细菌不能通过，故过滤后的滤液即是无菌的。某些不能用加热灭菌的培养基或其他溶液（如抗菌素、血清等）可用细菌过滤器除菌。常用的细菌过滤器有赛氏滤器、玻璃滤器等。

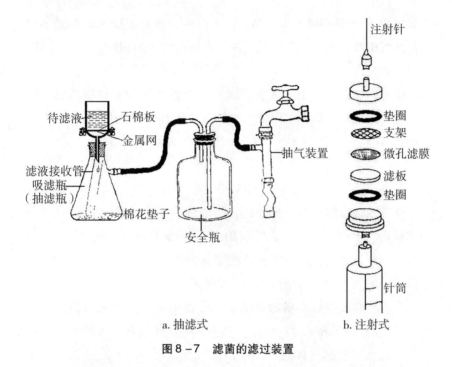

a. 抽滤式　　　　　　　　　　b. 注射式

图 8 - 7　滤菌的滤过装置

过滤除菌的操作步骤如下：

（1）将过滤器及抽滤瓶等全部装置用纸包好，在使用前先进行高压蒸汽灭菌 30 分钟。

（2）以无菌操作把过滤器安装于抽滤瓶上。

（3）以橡胶管连接抽滤瓶与安全瓶（中间可连一个水银检压计），再将安全瓶接于抽气装置上。抽气装置开动时形成负压抽气，帮助过滤。一般可在自来水龙头上接抽气装置，利用自来水快速流动造成负压（图 8 -7a）。安全瓶也可直接接在真空泵上，用真空泵抽滤负压更大，速度更快。

（4）将要过滤的溶液注入滤器内，再开动抽气机，即开始过滤，在滤液快滤完时，即可停止过滤。

（5）以无菌操作将滤液倒入无菌瓶内，置于 37 ℃的恒温箱中培养 24 小时，若无菌生长，则可保存备用。

（6）滤器用完后，须立即放入 20% 来苏尔溶液中浸泡半小时，之后用2% NaOH 溶液通过滤器，除去脏物，再用0.1N HCl 溶液通过滤器使碱中和，最后用蒸馏水过滤，直到过滤水的 pH 为7.4，干燥、灭菌后再使用。

注意：过滤时间不宜太长，因低压能使弯曲运动的细菌通过滤器。但要避免过度减压，因微小颗粒将堵塞于滤器微孔内，使滤器失去过滤效能。一般以 100 ～ 200 mmHg 减压为限。

（三）紫外线灭菌

紫外线具有强烈的杀菌作用。一般细菌用紫外线照射5 ～ 10 分钟即死亡。无菌室、无菌罩都必须用人工的紫外线灯（波长255 nm）照射半小时后才能使用。因紫外线穿透力不强，故用紫外线照射前，室内必须清洁干净，否则达不到灭菌效果。

在没有紫外线灯设备的情况下，可将无菌室（或无菌箱）清理干净后，用5%苯酚或1%来苏尔喷雾消毒。使用前一天用福尔马林熏蒸消毒（如福尔马林有过多的白色沉淀，可在熏蒸之前加几滴硫酸）。熏蒸的方法：将福尔马林放在瓷碗中（约每立方米空间加入10 mL 福尔马林），加火熏蒸（或加少量 $KMnO_4$），使之挥发至干即可。此外，还可用硫磺熏蒸对接种室（或生产车间）消毒，200 m^3 的空间用量约为 0.5 kg。也可用5% 苯酚溶液或1% 来苏尔溶液或2% ～ 5% 漂白粉滤液喷雾消毒，使空气中带有杂菌的灰尘落地。以上各方法均应在门窗关紧的情况下进行。

四、思考题

1. 高压蒸汽灭菌开始时，为什么要排尽容器内的空气？灭菌后，锅内气压未降低到0 时，为什么不可打开？

2. 高压蒸汽灭菌为什么比干热灭菌要求的温度低而时间短？

3. 如果没有高压蒸汽灭菌锅时，应怎样对培养基灭菌？

实验九　微生物的接种、分离技术与菌种保藏

一、实验目的

（1）了解纯种分离的原理及其在实践中的应用。

（2）掌握微生物最基本的无菌操作接种、分离和纯培养方法。

二、实验器材

（1）菌种：八叠球菌、四联球菌、枯草杆菌、变形杆菌、白色葡萄球菌。

（2）培养基：牛肉膏蛋白胨琼脂培养基、高氏一号琼脂培养基、马铃薯琼脂培养基。

（3）样品：土壤样品。

（4）用具：无菌培养皿、培养箱、无菌吸管、无菌水、无菌移液管、无菌试管斜面、酒精灯、玻璃涂布棒（又名扩散棒、三角棒）、接种环、接种针等，常用的微生物接种及分离工具如图 9-1 所示。

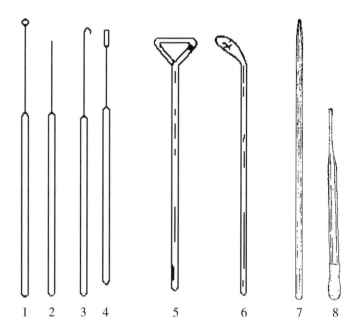

1. 接种环；2. 接种针；3. 接种钩；4. 接种铲；

5、6. 玻璃涂布棒（三角棒）；7. 移液管；8. 滴管

图9-1 常用的微生物接种及分离工具

三、实验原理和内容

（一）实验原理

微生物的接种是指将微生物的纯化菌种转接到适合该菌种生长的无菌培养基上，以进行纯种的传代培养，其要点是转接和传代中不得有任何的外源微生物介入或污染。微生物的分离与纯化则是从自然界或混杂微生物群体中将微生物进行相互分离，以获得微生物的单一纯菌种或者纯菌株。微生物的接种和分离是微生物学的重要技术手段，对此技术的熟练掌握是微生物学工作的基本要求，也将从此步入微生物研究的科学殿堂。

自然界中微生物的种类多、数量大，而且都是杂居在一起。纯种

分离就是从含有多种杂居微生物的材料中，通过稀释分离、划线分离、单孢子分离等方法，使它们分离成为单个个体并在固体培养基上的固定地方繁殖成为单个菌落，从单个菌落中挑选所需纯种。不同微生物可用不同培养基和不同培养条件进行单菌分离获得纯种，纯种再经繁殖培养后，可用于进行进一步研究形态、生理等特征，以便更好地应用于工农医实践。

从微生物群体中经分离生长在平板上的单个菌落并不一定就是纯培养的，有时对纯培养的确定除观察其菌落特征外，还要结合显微镜检测个体形态特征。有些微生物的纯培养要经过一系列分离与纯化过程和多种特征鉴定才能得到。

微生物接种、分离的所有操作，自始至终均须按照无菌操作的规范要求进行，避免实验过程中遭受任何的杂菌干扰和污染。

（二）方法步骤

1. 琼脂斜面接种

图 9-2 为在无菌操作下，将微生物从一个琼脂斜面接种至另一个琼脂斜面上的操作过程。

（1）接种前将试管贴上标签，注明菌名、接种日期、接种人姓名等。

（2）点燃酒精灯。

（3）用左手大拇指和其他四指将菌种和琼脂斜面的两支试管握住，使中指位于两试管之间的部分，试管底部贴近掌心。斜面向上，管口齐平，并使它们位于水平位置（图 9-3）。

（4）先将试管塞用右手拧转松动，以方便接种时拔出。

（5）右手拿接种环，在酒精灯火焰上将小圆环部分烧红灭菌，圆环以上凡是在接种时可能进入试管的部分，都应用火焰灼烧。

以下操作都要使试管口靠近火焰。

（6）用右手小指、无名指和手掌拔除试管塞，并将试管塞夹在手指间。

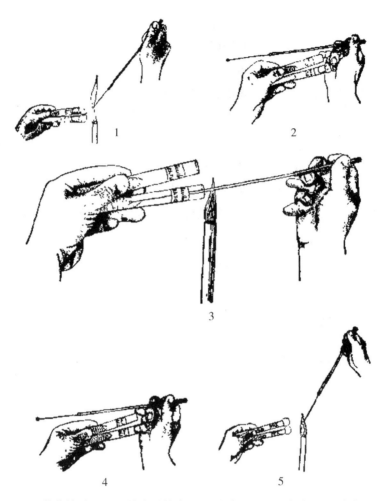

1. 灼烧接种环；2. 拔出试管塞；3. 移种；4. 重新加塞；5. 烧菌

图9-2　斜面接种的无菌操作过程

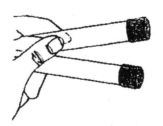

图9-3　左手手握菌种试管和待接种试管的方法

（7）不断转动试管口（靠手腕的动作）以火焰灼烧试管口一周，去除试管口上可能沾染的少量菌或带菌尘埃。

（8）将烧过的接种环伸入菌种试管内，先行触碰没有长菌的培养基部分（如斜面的顶端）使其冷却，以免烫死被接种的菌体。然后将接种环轻轻接触斜面上的菌体，刮取少许菌落，再慢慢将接种环移出试管。注意不要使接种环圆环部分碰到管壁和管口，取出时也不可使接种环通过火焰，更不可触及其他无关的物品或桌面。

（9）迅速将接种环在火焰旁伸进另一无菌斜面试管，在培养基斜表面上轻轻划线，由底至顶（由内向外、由下而上）划曲折线或波浪线，直线亦可（图9-4）。划线需要一次完成，不要把培养基划破，也不要使菌种污染试管壁。

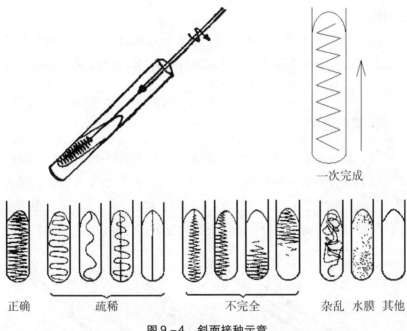

图9-4　斜面接种示意

（10）退出接种环，再灼烧试管口，随后在火焰旁将试管塞塞上。塞试管塞时，不应该用试管去迎试管塞，以免试管在运动时有不干净气体进入。

（11）放回接种环前，将接种环在火焰上再行灼烧灭菌。放下接种环后，再腾出右手将试管塞塞紧。

（12）观察经斜面接种后培养的菌落生长情况，有无杂菌污染及能否清晰观察到菌落的斜面培养特征等。

2. 液体培养基接种

（1）液体培养基接种与斜面接种手法相同，在酒精灯火焰旁完成。可使试管口略向上斜，避免培养基液体流出。

（2）将取有菌种的接种环送入液体培养基时，要使环在液体表面与管壁接触的部分轻轻摩擦、研匀，使菌种均匀分布在液体中。若由液体菌种接种至液体培养基，只须取出一环菌液在待接种液体培养基中轻轻搅动即可。接种后塞好试管塞，将试管握在手中轻轻晃动，混匀液体。

（3）经液体接种培养后，可观察菌体在液体培养基中的生长情况。有些菌在液体培养基中生长后使培养基均匀混浊，有些菌在培养基表面形成菌膜，有些则在管底产生沉淀。

3. 穿刺接种

（1）用接种针（必须挺直）在火焰旁以无菌操作取出少许菌种。

（2）将接种针自半固体或琼脂深层培养基中心刺入，直到接近管底，但不要穿透（图9-5、图9-6）。然后，沿穿刺路径慢慢将接种针拔出。穿刺的接种针须保持直线进出，勿左右摆动，这样可保

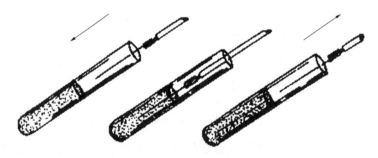

图9-5　穿刺接种示意

证接种线笔直整齐（图9-6），易于观察。将上述已接种的试管置于37 ℃恒温箱中培养24～48小时，观察其生长情况。

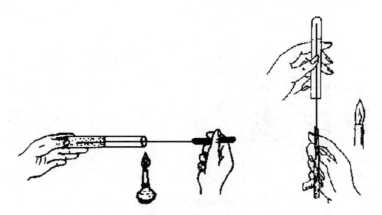

图9-6　水平式穿刺接种和垂直式穿刺接种

（3）观察穿刺轨迹上菌种生长情况，由此判断该菌是否具备运动能力，以及它的呼吸类型。

穿刺接种一般用于下列两种情况：一是需要检定某菌种是否具有独立运动能力时，如果在半固体培养基上穿刺接种后，该菌只在穿刺直线上生长，则说明该菌不能运动；而如果其培养以后的生长轨迹由穿刺直线向四周蔓延扩散（常呈扇形面外向扩展），说明该菌能活动，具有独立运动能力。二是针对一些厌氧的菌种，其在培养基表面生长状况不好时，必须接种至培养基的深部才能保证菌种生长良好，故通过这种方法也可以大致判定培养菌的生长与供氧的关系（微生物的呼吸类型有好氧、厌氧、兼性好氧与兼性厌氧）。

4. 琼脂平板划线分离

（1）平板的准备。①加热完全熔化琼脂培养基，待冷却至50 ℃左右，取一无菌培养皿置于实验台上。②右手持盛有培养基的试管（或三角瓶），用左手小指和无名指夹取管塞，管口在火焰上灼烧一圈灭菌，然后移离火焰，斜置于火焰旁。左手将培养皿盖打开少许，开口处靠近火焰，尽快向培养皿内注入试管（或三角瓶）中的液化培养基，每皿约倒入 15 mL，厚度为 3～4 mm，加盖后立即轻轻晃动培养皿，使培养基分布均匀。将培养皿平置于桌上，待培养基冷却凝固后即成琼脂培养基平板（图 9-7）。

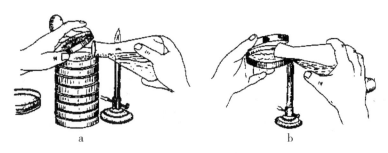

a. 皿架法；b. 手持法

图 9-7　将培养基倒入培养皿内（倒平板）

（2）划线分离须在无菌条件下操作，在超净工作台和酒精灯火焰旁完成。左手持凝固的琼脂平板，用中指、无名指和小指托住皿底，拇指和食指卡住皿盖，靠近火焰，在火焰旁打开培养皿盖成倾斜状，使皿盖与皿底成一夹角开口。手指不可触碰培养皿内边缘，同时培养皿开口不能与口腔相对，也不可使培养皿表面向上开盖暴露，以免空气中的杂菌落入。

（3）灭菌接种环沾取欲分离的菌液，从夹角开口处进入平板，在平板表面的一端涂一点，迅速盖好平板，然后将接种环在火焰上灼烧灭菌，待冷却后再用同样方式打开培养皿，开口靠近火焰，在已涂过的菌液点处，开始单方向地在培养基表面划平行线或蛇形线。注意在每完成一次划线即将开始第二次划线时，应将接种环在火焰上灼烧灭菌，待冷却后压着第一次划线的尾端向另一方向再次划线，之后以同样的方式逐次类推，再划线再分离（图 9-8）。这样划线的目的是使待分离的菌液或者菌落在划线中得到逐级稀释，至最终的划线完毕时，混杂聚集的群体得以分离成单个分散的菌体。

注意：划线仅在培养基表面进行，不要划破培养基，划线时勿使接种环碰到培养皿边缘；另外，划线必须单向进行，不宜在一条直线上来回或双向划线。

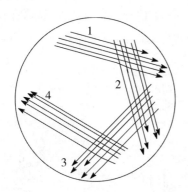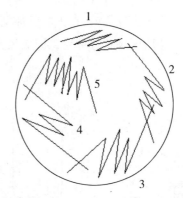

1、2、3、4、5 表示划线顺序

图 9-8　平板划线分离方式

（4）划线完成后合拢皿盖，将接种环灼烧灭菌，用玻璃铅笔在平板底部注明操作者姓名与日期，底部朝上（倒置）放置于 37 ℃恒温箱中培养 24 小时，取出观察结果。

（5）观察是否得到了逐一分开直至最后形成单个的菌落（点状菌落），将单个点状稀疏的菌落移至斜面培养基即获得纯菌种，再进行纯种培养。

划线分离的方法操作简单、方便易用，常用在对样品非定量要求下的菌群或单体的分离，适用性强。

5. 稀释分离

微生物分离的方法很多，本实验主要利用倾注法对土壤微生物进行分离和保藏。其基本原理是先将菌源浓度按梯度递减的方式稀释，再接种少量稀释菌液于固体培养基上，经培养后获得彼此分离和肉眼可见的单独菌落，然后将所需菌落挑出，接种到斜面上培养，获得纯菌种。若菌种不纯，可再以同样方法反复稀释，或配合进行划线分离，直到最后获得纯菌种。

稀释分离方法的操作过程稍繁琐，常用在既要求分离得到单个菌落，又能对分离的菌种进行数量统计的情况下。

（1）稀释土壤。

①称土样 2 g，在火焰旁加至一个装有 18 mL 无菌水的三角瓶内。将三角瓶振荡 5 分钟后，即成稀释倍数为 10^{-1} 的土壤稀释液（图 9 – 9）。

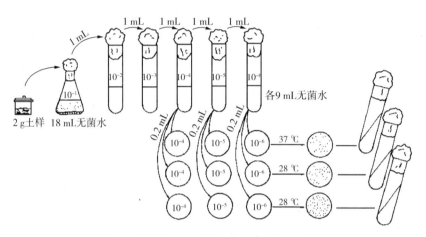

图 9 – 9　土壤微生物的稀释分离过程

②用一支 1 mL 无菌移液管吸取土壤稀释液 1 mL，加至盛有 9 mL 无菌水的试管内，制成稀释倍数为 10^{-2} 的土壤稀释液（图 9 – 10）。

③用同样的方法按每级稀释 10 倍的次序得到稀释 10^{-3}、10^{-4}、10^{-5}、10^{-6} 倍的土壤稀释液，可根据土壤中微生物的数量，决定最高的稀释度。

④稀释完成后，分别用无菌的 1 mL 吸管吸取 3 个连续稀释梯度（如 10^{-4}、10^{-5}、10^{-6} 浓度）的土壤稀释液各 0.2 mL，放入对应编号的无菌空培养皿中。

（2）平板制作及培养。

将熔化好的培养基冷却至 45～50 ℃，倒入加有土壤稀释液的培养皿内（约 15 mL），轻轻摇匀（倾注分离）。待培养基凝固后，将培养皿放入恒温箱中培养。或者先倒培养基待凝固后再移入土壤稀释液（0.1 mL，约 2 滴），用扩散棒（涂布棒）将土壤稀释液在培养基表面涂布均匀（涂布分离，图 9 – 11）。

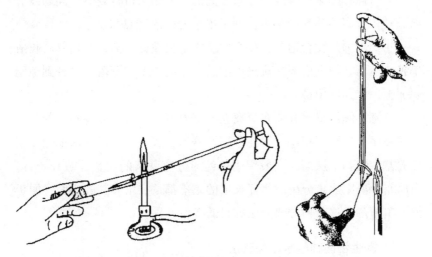

图9-10　用移液管移接菌液的操作方法

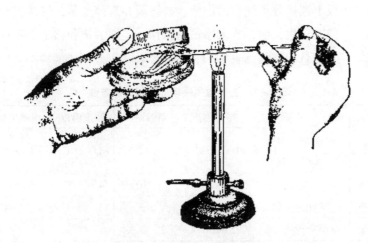

图9-11　涂布分离操作方法

　　①将每个浓度的土壤稀释液做两个高氏一号琼脂培养基，培养放线菌。若要分离细菌，则用牛肉膏蛋白胨琼脂培养基；分离真菌则用马铃薯琼脂培养基。

　　②将牛肉膏蛋白胨琼脂培养基放在37 ℃恒温箱中培养24 小时，高氏一号琼脂培养基和马铃薯琼脂培养基放在28～30 ℃恒温箱中培养5～7 天，即出现菌落。

③对稀释的倾注分离和涂布分离的培养结果进行观察，同划线分离一样，观察培养基中是否得到了单个的菌落（点状菌落）。

④如果稀释度合适，样品中的菌株就会彼此分离，经培养后长成单独的菌落。根据需要，挑选单独的、不同类型的菌落，接种到琼脂斜面上，成为纯菌种。

注意：倾注分离和涂布分离在向培养皿中注入培养物和培养基的操作顺序上，刚好相反。倾注分离培养后长成的菌落可均匀地分布于培养基中的各个层面，一般用于单纯对分离菌落的完整计数和统计。而涂布分离则要求分离后培养长成的菌落都长在培养基的表面，便于挑取单菌落。这两种分离方法的目的有所差别。

6. 微生物菌种的冰箱保藏法

在平板上选择分离纯化的细菌、放线菌和真菌菌落，转接至琼脂斜面上，待完全生长后，放入冰箱内保存，定期活化和移种。各种微生物培养和保藏的方法见表9 – 1。

表9 – 1　各种微生物培养和保藏的方法

菌名	培养基	培养温度	培养时间	保藏温度	保藏时间
细菌	牛肉膏蛋白胨琼脂斜面	30 ℃或37 ℃	1～2 天	4～5 ℃	1 个月
放线菌	淀粉琼脂斜面	25～30 ℃	7～10 天	4～5 ℃	6 个月
霉菌	豆芽汁琼脂斜面	25～30 ℃	5 天	4～5 ℃	3 个月
酵母	豆芽汁琼脂斜面	25～30 ℃	2～3 天	4～5 ℃	2～3 个月

四、思考题

1. 掌握微生物的分离技术有何实践意义？

2. 平板划线分离与稀释分离的方法有什么不同的适用特点？为什么划线时必须单方向地划？

3. 倾注分离和涂布分离法在操作程序和分离结果上有何不同？

4. 为什么熔化后的琼脂培养基要冷却至45～50 ℃才可以倒平板上?

5. 在微生物的接种、分离过程中，如何防止杂菌污染?

附：实验九内容总览

一、接种

（1）斜面接种（图9-2、图9-4）：每人各接种四联球菌、枯草杆菌和白色葡萄球菌共3支。

（2）液体培养基接种（免做）。

（3）穿刺接种（图9-5、图9-6）：每人各接种变形杆菌和白色葡萄球菌2～3支。

二、分离

1. 平板划线分离

（1）倒平皿（图9-7b）：每人倾倒5个，皿中培养基厚度约为3～4 mm。

（2）划线（图9-8）：每人在2个培养皿中划线。

（3）培养：于培养箱中倒置培养。

2. 稀释倾注分离

（1）稀释土壤：将2 g土壤加入18 mL无菌水中，每次稀释10倍（图9-9、图9-10）。

（2）用倾注法倒平皿：吸取3个连续稀释度的土壤稀释液各0.2 mL，注入3个无菌空培养皿中，倾入15 mL左右熔化的高氏一号培养基（冷却至45～50 ℃），轻轻摇匀，平置待冷凝固。

（3）培养：于恒温箱中倒置培养。

3. 涂布分离（图9-11）

（1）取连续稀释度的土壤稀释液各0.1 mL（2滴），注入凝固平板，用扩散棒充分涂布开。

（2）培养：于恒温箱中正置培养。

注意：所有接种及分离的试管和培养皿，在平板底部注明操作者姓名和日期后，再置于恒温箱中培养。

实验十　微生物的显微计数和平板计数方法

一、实验目的

（1）了解微生物计数的意义和常用方法。

（2）通过实验掌握使用显微计数板进行微生物计数的方法、原理和适用范围。

（3）掌握微生物平板计数的方法、原理和计数特点。

二、实验器材

（1）器材：显微计数板、显微镜、计数器、滴管。

（2）菌液：酵母菌液、放线菌的平板菌落。

三、实验原理和内容

微生物计数是统计单位数量或体积的样品中所含有微生物数量多少的计量技术。通过对微生物的量化统计，可以了解微生物在所处的微环境中的数量状况和量的变化，进而监控整个菌群的发育和生长状况，在环境微生物、食品卫生监测、微生物制剂、微生物的发酵控制和医疗等领域具有极大的应用价值。

（一）微生物显微镜直接计数法

1. 基本原理及显微计数板的结构

微生物显微镜直接计数是利用显微计数板（也叫血球计数板、血球计数器）在显微镜下直接计数，是一种常用的微生物计数方法。

这种方法是将菌悬液（或孢子悬液）加入显微计数板载玻片与盖玻片之间的计数室中，在显微镜下进行计数。当在载玻片的计数区域盖上盖玻片后，载玻片和盖玻片之间构成的微小空间（称为计数室）的容积是一定的，因此可以根据在显微镜下观察到的计数室中的微生物数目来计算单位体积的微生物总数目。

　　显微计数板通常是一块特制的精密载玻片，刻有网格线和分槽，由四条槽而构成三个平台。中间的平台又被一短横槽隔成两半，每半个平台上面各刻有一个方格网，每个方格网共分九大格。其中的一个中央大格（又称为中央计数室）用作微生物的计数。显微计数板的构造如图 10 – 1 所示。

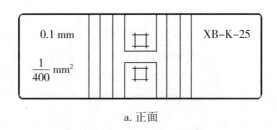

a. 正面

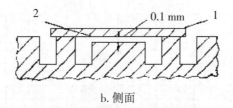

b. 侧面

. 1. 盖玻片；2. 计数室

图 10 – 1　显微计数板的构造

　　显微计数板的计数室由三种标准方格组成，即大方格、中方格（16 或 25 个）及小方格（400 个）。

　　计数室的刻度一般有两种：一种是一大方格分成 16 个中方格，而每个中方格分成 25 个小方格；另一种是一大方格分成 25 个中方格，而每个中方格分成 16 个小方格。但不管计数室是哪一种构造，它们都有一个共同的特点，即每一大方格都由 16 × 25 = 25 × 16 = 400

个小方格组成（图 10 - 2）。

计数室的每一大方格边长为 1 mm，每一大方格面积为 1 mm × 1 mm = 1 mm^2，盖上盖玻片后，计数室的高度为 0.1 mm，所以计数室每个大方格的容积为 1 mm^2 × 0.1 mm = 0.1 mm^3。

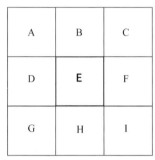

A. 九方格网，中央大方格E为计数室

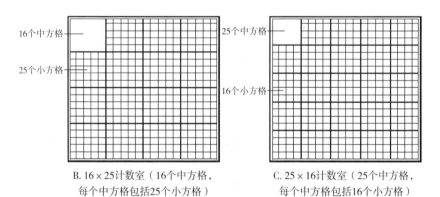

B. 16 × 25计数室（16个中方格，
每个中方格包括25个小方格）

C. 25 × 16计数室（25个中方格，
每个中方格包括16个小方格）

图 10 - 2　两种不同刻度的计数室

在计数的时候，通常数 5 个中方格的总菌数，求得中方格菌数的平均值，再乘以 16 或 25 就得到一大方格中的总菌数，然后再换算成 1 mL 菌液中的总菌数。下面以一大方格分为 16 个中方格的显微计数板为例进行计算：

$$1 \text{ mL 菌液中总菌数} = A/5 \times 16 \times 10 \times 1000 \times B$$
$$= 32000 \times A \times B \text{（个）} \qquad (10-1)$$

同理，如果是 25 个中方格，则 1 mL 菌液中总菌数为：

$$A/5 \times 25 \times 10 \times 1000 \times B = 50000 \times A \times B \text{（个）} \qquad (10-2)$$

式中：A 为 5 个中方格的菌体总数；B 为菌液稀释倍数。

2. 方法步骤

（1）取清洁干燥的显微计数板，在计数室上面加盖玻片。

（2）取酵母菌液一管，摇匀，用滴管紧贴盖玻片空隙边缘向计数室内滴加菌液一小滴（不宜过多），让菌液自行渗入，注意勿使计数室产生气泡，放置片刻，然后置于低倍镜下观察计数。

（3）计数时，通常数出 5 个中方格的总菌数，求得平均值，代入上面公式，即可求出 1 mL 菌液的总菌数。

（4）重复计数一次，若数据相差太大，表明两次计数的误差较大，则需要再次重复计数，取较为接近的两组数据。

（5）计数完成后，应将显微计数板用自来水冲洗干净，然后用蒸馏水冲洗一次，切勿用粗糙物擦拭计数室。洗完后用吸水纸轻轻吸去水分，自然晾干，妥善保存。

计数时注意事项：①压在中方格边框线上的细胞，一般统一只计压下线、右线的，不计压上线、左线的。②凡酵母的出芽细胞芽体达到细胞大小的一半时，即可作为一个细胞计数。③样品浓度要求每小方格内有 5 ~ 10 个菌体，如果样品浓度太高可适当稀释。④菌液渗入计数室后，必须静置片刻才开始计数。⑤应选四角及中央位置的 5 个中方格计数，这样求得的中方格菌数平均值才能较好地代表整个大方格的实际数值。

以上酵母菌的数量测定方法，同样适用于对真菌类孢子数量的测定。

（二）平板计数法（活菌计数）

1. 基本原理

微生物的平板计数法是另一种常用的微生物计数方法。在固体培养基上形成的一个菌落是由一个单细胞繁殖而成且肉眼可见的子细胞群体，也就是说，一个菌落即代表一个单细胞。根据这一特性，将待测样品稀释分离，使其均匀分布于培养皿的培养基内，经过培养后，由单个细胞生长繁殖形成菌落，统计菌落数目，即可计算出样品中的含菌数。

培养平皿上的菌落数目传统上以"个"为计量单位，现在通常以菌落形成单位（colony forming unit，CFU，意指微生物群落总数，每CFU相当于一个活菌落）表示，相应地，单位样品中的含菌数以CFU/g或CFU/mL表示。

此法所计算的菌数是培养基上长出来的菌落数，因此不包括死菌。故此法又称活菌计数法，一般用于成品检定（如杀虫菌剂、根瘤菌剂等抑菌效果的检定）。

2. 方法步骤

以测定土壤中微生物数量为例。

（1）土壤的稀释分离。该步骤与实验九"微生物的接种、分离技术与菌种保藏"中的稀释分离步骤（1）、（2）相同。

（2）计数。经过培养，平板长出菌落后，选择刚好能把菌落分开，而稀释倍数最低的平板，先求该稀释度的平均菌落数（一般要求细菌30～300个，放线菌20～200个，酵母菌10～100个，霉菌6～60个），然后代入式3，即可求出每克土壤中微生物数量。

每克(毫升)样品(土壤)中微生物的总菌数（CFU/g或CFU/mL）

$$= \frac{每皿平均菌落数}{每皿中样品(土壤)量(g 或 mL)} \times 稀释倍数 \qquad (10-3)$$

注意：①不仅要统计培养基表面的菌落，也要统计培养基内部和底部的菌落。②如果菌落太过密集，可以在平板底部玻璃上均匀划线，将其分成若干区域，分别统计各区域的数据后相加，得到整个皿的总菌落数。③菌落重叠时，可酌情根据菌落面积计为 2 或 3 个。

四、思考题

1. 用显微计数板进行微生物计数时，计数室为什么不能有气泡？

2. 用显微计数板计数时，必须注意哪些问题才能减少误差？

3. 用显微计数法和平板计数法对同一种菌液计数，所得的结果是否一样？为什么？

4. 比较两种微生物计数方法的优缺点。

实验十一　环境因素对微生物生长发育的影响

一、实验目的

（1）了解一些物理、化学和生物因素对微生物的作用和影响，作用的效果与剂量、浓度、时间甚至被作用的菌种都有密切关系。

（2）学会测定各种化学药物的抑菌效能；掌握测定抗菌素的抗菌谱及抽气式厌氧培养的基本方法。

二、实验器材

（1）菌种：大肠杆菌（菌液和斜面菌种）、枯草杆菌（菌液和斜面菌种）、金黄色葡萄球菌或白色葡萄球菌（菌液和斜面菌种）、丙酮丁醇梭状芽孢杆菌（斜面菌种）、青霉菌（斜面菌种）。

（2）培养基：牛肉膏蛋白胨液体培养基，牛肉膏蛋白胨琼脂培养基，牛肉膏蛋白胨琼脂斜面，牛肉膏蛋白胨琼脂深层培养基，豆芽汁固体培养基，分别含5%食盐、20%食盐、20%蔗糖和80%蔗糖的肉汤培养基。

（3）药剂：0.25%新洁尔灭（苯扎溴铵）、0.1% $HgCl_2$（升汞）溶液、5%苯酚溶液、2%碘酒、2%来苏尔溶液、0.01%结晶紫溶液、10%青霉素溶液（80万单位青霉素粉剂）、黄连素、大蒜汁、姜汁、葱汁。

（4）玻璃器皿：无菌培养皿、无菌吸管、无菌弯曲玻棒（涂布棒、扩散棒）、无菌毛细吸管。

（5）其他：紫外灯、接种环、直径6 mm的灭菌滤纸圆片、条形滤纸、镊子、打孔器、黑色剪纸片、量尺。

三、实验原理和内容

（一）实验原理

微生物和所有的生物一样，必须从周围环境获取其生命活动所需的养料和能源。适宜的外界环境，微生物就能正常生长繁殖；外界环境不适宜，则微生物生长会被抑制、会发生变异甚至死亡。微生物种类不同，所需要的环境条件也不同。

微生物周围的环境是各种不同因素的综合体，它们综合影响着微生物的生长和发育，归纳起来，可分为物理因素、化学因素和生物因素三大类。本实验仅从中选取一些单一环境因素，通过实际试验，来观察和认识环境因素对微生物生长发育的影响。

（二）实验内容：物理因素的影响

1. 紫外线对微生物的影响

一方面，光线中的紫外线对微生物有毒杀作用，其中杀菌力最强的波长为 265 nm 左右。短时、低剂量的紫外线照射具有诱变作用，高剂量则具有杀菌功效。另一方面，紫外线的强度和穿透力较弱，容易被一般物体所遮挡阻断，且随着照射距离的延长杀菌力逐渐减弱。本实验旨在证明紫外线的杀菌作用和易被阻挡的特性。

本实验在无菌环境和无菌操作条件下进行，具体方法如下：

（1）取牛肉膏蛋白胨琼脂平板两个，在皿底上先用记号笔或标签纸注明菌名。再取两支无菌吸管，分别吸取培养了 18 h 的白色葡萄球菌（或大肠杆菌）菌液和培养了 48 h 的枯草杆菌菌液各 0.1 mL（2 滴）注入相对应的平板上。

（2）取两支无菌涂布棒，分别把菌液均匀涂布于整个琼脂平板表面。

（3）将已涂布接种细菌的平板放在距紫外灯管 30～40 cm 处，

用在酒精灯火焰上灼烧灭菌后的无菌镊子，分别夹取一片已灭菌的黑色剪纸片，揭开皿盖后轻轻贴放在两个皿内培养基的表面以遮住部分培养基；再用皿盖遮盖住平皿的一半或者完全开盖，打开紫外灯，经 10～15 min 紫外线光直接照射后，关闭紫外灯，揭去剪纸片，盖好皿盖，置于 30～37 ℃温箱中倒置培养，24 h 后观察培养结果。

2. 氧气对微生物的影响

氧气对不同微生物的生长影响大不相同。好氧型微生物适宜于在有氧气的环境中生存，缺氧时就不能生存；厌氧型微生物则不适宜有氧气的环境，氧气对该类微生物产生毒害作用；兼性厌氧型微生物则在有氧或无氧条件下都能正常生活。

测验氧气与微生物生长的关系，可用抽气减少氧气培养法，也可用其他培养法。前者是将培养物放入真空干燥器，将空气抽稀至一定程度或者抽空，再将真空器置于恒温箱中培养，看培养物能否生长。深层琼脂培养法是将微生物置入熔化的琼脂培养基中，摇匀，使上下部均有细胞，待培养基凝固后，置入恒温箱培养。由于空气由表面向下渗入，越向下氧气含量越少。绝对厌氧型微生物只在底部生长，厌氧程度稍轻者于底部呈茂盛繁殖状态，但中上部也有生长；兼性厌氧型微生物能在上、中、下部以及表面繁殖；微需氧微生物于中上部繁殖，而绝对需氧型微生物只在表面生长。

本实验在无菌环境和无菌操作条件下进行，具体方法如下：

（1）取牛肉膏蛋白胨深层培养管三支，将分别标注有丙酮丁醇梭状芽孢杆菌、枯草杆菌、大肠杆菌的标签贴于各管上。水浴加热，使琼脂熔化后迅速冷却至45 ℃左右，用接种环将相应菌种接种于管内，用掌心搓动各管，使细菌上下均匀分布，随即将管置于冷水中，使之迅速凝固，以免空气进入太多，接着将管置于 30～37 ℃环境中培养，24 h 后取出检查，观察各菌在深层培养基内的生长情况。

（2）取三支牛肉膏蛋白胨液体培养基，做好标记后分别对应接种上述三种菌，置真空干燥器中，抽气至 10 mmHg 以下，然后关闭真空干燥器活塞，拔下抽气泵的抽气橡皮管，关闭电源，随即将培养基连同真空干燥器置于 30~37 ℃环境中培养。24 h 后取出，观察三种细菌生长情况。

3. 渗透压对微生物的影响

一般微生物在高渗透压溶液中不能生长繁殖，这是由于在高渗透压溶液中细胞水分外渗而原生质收缩，致使其不能进行正常的生命活动，生长被抑制。用盐腌、糖渍等方式保存食物便是应用了该原理。但有少数微生物能忍耐特别高的渗透压，它们往往会引起盐腌或糖渍食品变质。

本实验在无菌环境和无菌操作条件下进行，具体方法如下：

（1）用划线法将枯草杆菌分别接种于含 5% 食盐及 20% 食盐的牛肉膏蛋白胨琼脂斜面上，用同样的方法将该菌接种于含 20% 及 80% 蔗糖的牛肉膏蛋白胨琼脂斜面上。需要注明菌种名和有关成分的浓度。

（2）用相同方法将该菌接种于牛肉膏蛋白胨琼脂斜面，以作对照。

（3）将接种后的培养基一并置于 30 ℃恒温箱中培养，于第 1 天、第 3 天及第 7 天观察该菌的生长情况。

（三）实验内容：化学因素的影响

许多化学试剂对微生物有抑制生长或杀死的作用，因此已被广泛地应用于消毒与防腐。

影响消毒剂灭菌效能的因素很多，包括消毒剂的种类、性质、浓度，菌种、有无芽孢、菌数，以及两者接触的时间长短、温度高低，环境中有无有机物质等。

1. 常用化学消毒剂的杀菌力（平板纸片试验法）

本实验在无菌环境和无菌操作条件下进行，具体方法如下：

（1）取两个牛肉膏蛋白胨琼脂平板，在皿底上先用记号笔或标签纸注明菌名，并按图 11-1 所示格式将皿分成 6 个区域，编号 1~

6，注明1、2、3、4、5、6号码所代表的药剂名称。

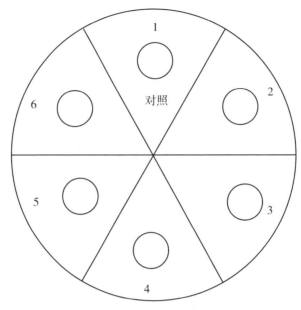

图11-1　平板纸片法示意

（2）用两支无菌吸管分别吸取大肠杆菌及枯草杆菌菌液各0.1 mL（2滴），滴于上述两个平板上。

（3）微开皿盖，用无菌扩散棒将菌液于平板表面上涂布均匀，待其稍干后，即可放入浸药液的小圆滤纸片。

（4）用镊子取出已被化学药剂浸湿的小圆滤纸片，在瓶口处刮去多余液体，分别放在培养皿中所代表的号码区域上。这些药剂是：0.25%新洁尔灭溶液、2%来苏尔溶液、0.1% $HgCl_2$溶液、5%苯酚溶液、2%碘酒，在对照处放置浸消毒蒸馏水的无菌小圆滤纸片。

（5）将培养皿倒置或正置在30～37 ℃的环境中培养，24 h后，观察小圆滤纸片周围圆形抑菌圈的大小。用尺子测量抑菌圈直径并记录，抑菌圈越大者，抑菌、杀菌力越强。

2．染料抑制细菌生长的作用

本实验在无菌环境和无菌操作条件下进行，具体方法如下：

（1）取 0.01% 的结晶紫溶液 0.3 mL 加入 15 mL 预先熔化的普通琼脂固体培养基内，混匀后倾注于无菌平皿中，斜置（图 11 - 2A）。

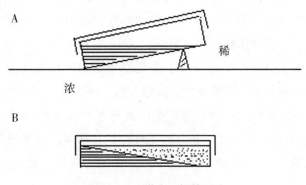

图 11 - 2　梯度平板的制法

（2）待其凝固后，将皿底厚的一边注明数字，将平皿放平，再倾注 15 mL 不含结晶紫溶液的普通琼脂培养基，如图 11 - 2B 所示，这样便得到结晶紫浓度逐渐改变的培养基（梯度平板）。

（3）待平板凝固后，用接种环以无菌操作分别取大肠杆菌和金黄色葡萄球菌接种于平板，沿平皿表面由浓到稀的方向平行划线，每种菌各划两条线，注明菌种名（图 11 - 3），置于 30 ～ 37 ℃ 的环境中倒置培养，24 h 后观察结果。

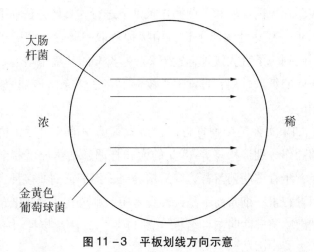

图 11 - 3　平板划线方向示意

（四）实验内容：生物因素的影响

在自然界中，微生物种与种之间，微生物与高等动物、植物之间的关系是非常复杂而多样化的，归纳起来，基本上可分为共生、互生、拮抗、寄生和捕食五种关系。

有些微生物能产生抑制或杀死某类微生物的代谢产物——抗菌素。不同抗菌素对不同微生物的作用不同，有的抑制作用强，有的抑制作用弱。本实验观察青霉菌产生的青霉素对大肠杆菌（革兰氏阴性菌）、金黄色葡萄球菌（革兰氏阳性菌）和枯草杆菌（有芽孢的革兰氏阳性菌）这三种类型细菌的抑制作用。这种方法也称抗菌谱试验。

有些高等植物具有抑制微生物生长和繁殖的能力，可做抗菌消炎药。测定中草药的抑菌能力常采用琼脂溶透法，即利用药物能渗透至琼脂培养基的特点，将试验菌接种至琼脂培养基平板，或将试验菌液混入琼脂培养基后倾注成平板，或将菌液涂布于琼脂平板的表面，然后用适宜的方法将药物置于已含试验菌的培养基上，并于适宜温度下培养后观察结果。本实验用打孔法观察中草药对细菌的抑制作用。

1. 抗菌谱试验

本实验在无菌环境和无菌操作条件下进行，具体方法如下：

（1）取一豆芽汁琼脂平板，用接种环取一环青霉菌孢子，在琼脂平板一侧划一条直线接种，置于 25～28 ℃ 的环境中培养 3 天。或者用镊子取滤纸条，用青霉素溶液浸湿（刮去多余溶液），放在培养皿的一侧。

（2）如果实验是接种青霉菌，待青霉菌菌落长出后，再用接种环以无菌操作分别接种培养 18 h 的大肠杆菌、枯草杆菌和金黄色葡萄球菌液，于青霉菌菌落苔边缘沿培养皿表面平行划线接种。如果实验直接用青霉素滤纸条而不是接种青霉菌，则可在放置滤纸条后立即接种供试敏感菌，注明菌种名称（图 11 - 4）。注意接种时不要碰到滤纸条或青霉菌菌落。

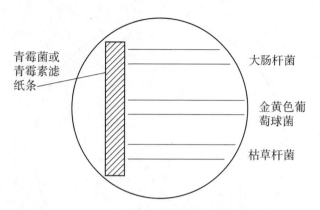

青霉菌或
青霉素滤
纸条

大肠杆菌

金黄色葡
萄球菌

枯草杆菌

图 11 -4　抗菌谱试验平板划线接种法

（3）将平板置于30～37 ℃的环境中倒置或正置培养，24 h 后观察结果。根据抑菌区大小，判断青霉菌对各菌的抑菌效能。凡被抑制的细菌，都不能在青霉菌附近生长；能在青霉菌附近生长者，则表明青霉菌对该菌无抑制作用。

2.植物抗菌素对细菌的抑制作用（平板打孔法）

本实验在无菌环境和无菌操作条件下进行，具体方法如下：

（1）将大蒜、姜、葱分别洗干净，去皮、切碎，放进磨钵中研磨成浆，用纱布滤出汁液。用无菌水直接溶解黄连素针剂或片剂得到黄连素液。

（2）倒固体底层平板：每个培养皿倒入 10 mL 加热熔化的牛肉膏蛋白胨琼脂固体培养基，放置平面使培养基冷却至完全凝固。

（3）倒上层平板：取已熔化并冷却至 50 ℃左右（以手背面紧贴管壁试温而皮肤恰能忍受不感到烫手为宜）的牛肉膏蛋白胨琼脂培养基两管（每管 10 mL），分别加入大肠杆菌和金黄色葡萄球菌液各 0.1 mL，迅速摇匀后分别倒在底层平板上面，待冷却凝固。

（4）取一圆形打孔器（孔径约3～4 mm），用无菌操作法沾取酒精经火焰灭菌 3 次，于已含菌的琼脂平板上相隔适当距离旋转打 4 个圆孔（深度适宜，勿打穿培养基底部），取出孔中的琼脂块，遂成为圆形的凹孔，如图 11 -5 所示。

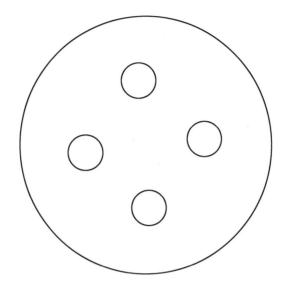

图 11-5　植物抗菌素对细菌的抑制作用试验

（5）在四个凹孔的皿底位置，用记号笔或标签纸分别标明四种植物的名称和供试菌种名称。

（6）用无菌的滴管分别滴加等量黄连素液、大蒜汁、姜汁、葱汁于四个凹孔中（切勿溢出）。

（7）将培养皿放在 30～37 ℃的环境中正置培养，24 h 后取出观察有无抑菌圈出现并比较抑菌圈直径的大小。

注意：①本实验一切用具及材料均须经过灭菌或消毒处理，实验过程中要注意无菌要求的规范操作，防止杂菌污染。②所有接种平皿在放入培养箱之前须检查落实是否注明了各实验的相关菌种和材料的名称等信息，以及实验者所在班级和姓名。

四、思考题

1. 日常生活中，人们在哪些方面应用紫外线和渗透压来杀灭或抑制微生物的生长？

2. 如何证明抑菌圈内的细菌是被抑制生长还是被杀死？

实验十二　细菌的鉴定

一、实验目的

通过鉴定两种细菌，了解微生物鉴定的基本方法和依据，并了解生理、生化反应在细菌鉴定方面的意义，以及这些反应的原理。

二、实验器材

（1）菌种：1号菌、2号菌。

（2）培养基：牛肉膏蛋白胨琼脂培养基、葡萄糖牛肉膏蛋白胨琼脂培养基、糖发酵培养基（葡萄糖、乳糖、甘油培养基）、硝酸盐培养基、葡萄糖蛋白胨水培养基、柠檬酸盐斜面培养基、蛋白胨水培养基、柠檬酸铁铵培养基、无氮培养基、明胶培养基、果胶酶试验培养基、2%无菌琼脂。（各培养基的配制方法见附录二）

（3）试剂：革兰氏染色试剂一套、乙酰甲基甲醇（V.P）试剂、甲基红（M.R）试剂、1.6%溴甲酚紫试剂、亚硝酸盐检测试剂、吲哚（靛基质，Ehrlich）试剂。

试剂的配制方法见附录三。

（4）玻璃器皿：滴管、无菌培养皿、载玻片、盖玻片、凹玻片等。

（5）其他：接种环、接种针、酒精灯、火柴、标签贴纸、香柏油、二甲苯（或擦镜液）、擦镜纸、镜台测微尺、目镜测微尺、显微镜、细菌培养箱等。

三、实验原理和内容

（一）实验原理

细菌的个体微小，形态简单，没有分化的组织器官，但其生理上的代谢过程是由一系列酶参与进行的。不同细菌的分解和合成的酶系均有所不同，因此对某些物质的利用和分解能力就有所不同。在鉴定细菌时，除根据形态特征外，还要依据其生理、生化的反应特性，除此之外，对于某些细菌的鉴定，还常用血清学反应等方法。鉴定细菌一般先根据几项简单性质判断所鉴定的菌属于哪一大群（类），然后全面考察这一大群内各属间的异同，选择合适的鉴别特征，制订方案，鉴定该细菌具体为哪一个属。鉴定到属后，再根据各种间的差异特性，进一步确定该菌的性质，推断鉴定到种。

通常遵循的顺序原则是先简单后复杂，先个体后菌落，先形态后生理，先确认大的性质再甄别细小的差异。

对于一个未知细菌的鉴别通常要进行如下三个方面的观察。

（1）观察细菌的形态特征。根据革兰氏染色结果判断其是阳性还是阴性，观察个体形态特征（形状、排列、有无鞭毛及鞭毛的着生类型、有无芽孢及芽孢的形状与位置、菌体大小和附生结构等）。

（2）观察细菌的培养特征。斜面培养特征、菌落特征和液体培养形态等。

（3）观察生理生化反应及血清学反应等特征。

最后通过查阅细菌分类检索表，从而确定其种属。

（二）细菌的形态特征

1. 革兰氏染色

以革兰氏染色法进行染色（方法见实验二），以鉴定其属于革兰氏阳性菌或阴性菌。

2．个体形态观察

将待测菌涂片制片于显微镜下检查，观察项目包括菌体的形状（球状、杆状、弧状等），杆菌两端形状（平截、钝圆等），排列方式（单个、成对、链状、四联、八叠、葡萄状），鞭毛（无、单毛、两端单毛、单端丛毛、两端丛毛、周毛），芽孢（无、球形、卵圆形、椭圆形、中间、近极、端极、单个或多个），大小（球菌的直径、杆菌的长度、宽度及其变动范围等）。

（三）细菌的培养特征

1．斜面培养特征

取牛肉膏蛋白胨斜面培养基 4 管，各接种 1 号菌及 2 号菌 2 管，接种时用接种环挑少量菌种在斜面上，由下向上划一条直线或弯折线，置于 37 ℃环境中培养 24 h，观察其生长情况（形状及光泽等）。

2．菌落特征

用接种环以无菌操作分别挑取少量 1 号菌及 2 号菌，在牛肉膏蛋白胨培养基平板上划线接种（具体操作见实验九），每种菌接种两皿。置于 37 ℃环境中培养 24 h，观察菌落特征（形状和大小、表面、边缘、隆起形状、透明度、菌落及培养基的颜色、黏湿度和气味等）。

（四）细菌生理生化反应特征

1．细菌与氧气的关系试验

取葡萄糖牛肉膏蛋白胨琼脂培养基 4 管，放在水浴锅中加热熔化，速冷至 50 ℃左右。用接种针分别穿刺接种 1 号菌、2 号菌各 2 管，速凝后，于 37 ℃环境中培养 2～3 天后取出检查，观察各菌在深层培养基内生长情况，确定其呼吸类型（与氧气的关系）。

当检定某些菌种在深层培养中的产气情况时，可于试管的穿刺接种后在半固体培养基表面倾覆一层石蜡油或者无菌琼脂，完全阻断培养基内部环境与外部大气的气体交流。如果菌体在培养后产气，这些气体将会在培养基内部形成各种不规则的空气洞，这些空气洞不断膨胀扩大，甚至会将培养基和覆盖层顶起来。反之，如果内部没有气洞生成，则表明菌种不产气。

2. 糖（或醇）类发酵试验

细菌有分解各种糖产酸、产气的性能，这在细菌的分类鉴定中是一项重要的依据，尤其是在鉴别肠系寄生菌时更为重要。常规鉴定中采用的糖类主要是葡萄糖、蔗糖、乳糖、甘露醇和甘油等，这些糖类经发酵后，产生各种有机酸（乳酸、乙酸、丙酸等）及各种气体（甲烷、氢气、二氧化碳等）。

是否产酸可用指示剂来判定。在配制发酵培养基时，可预先加入溴甲酚紫（当 pH 在 6.0 以上时呈紫色，pH 在 5.2 以下时呈黄色）。当细菌发酵产酸后，会使培养基 pH 降低，培养基由原来的紫色变为黄色。可通过糖类发酵实验中倒立的小发酵管［杜汉（Durham）氏小管］是否充满气体或部分充满气体确定是否有气体产生。当细菌培养后产生气体时，气体进入杜汉氏小管，使小管在液体中逐渐漂浮起来（图 12-1），此方法也可以鉴定细菌在液体培养基中的产气情况。

具体操作为：取葡萄糖、乳糖、甘油培养基各 5 管，分别接种 1 号菌、2 号菌各 2 管，剩下 1 管不接种作对照，置于 37 ℃环境中培养 24～48 h，取出观察并记录结果。结果表示方法：

（1）有反应：阳性（＋）；无反应：阴性（－）。

（2）产酸用"＋"表示，产气用"○"表示，产酸产气用"⊕"表示，不产酸不产气用"－"表示。

3. 硝酸盐还原试验

某些细菌可还原培养基中的硝酸盐，生成亚硝酸盐、氨和氮。

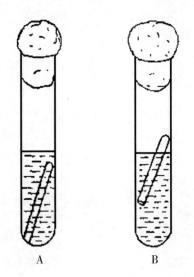

A. 培养前的情况；B. 培养后小管中充满气体（或有气泡）

图12－1　糖类发酵产气试验

如果细菌能把培养基中的硝酸盐还原为亚硝酸盐，当培养液中加入亚硝酸盐试剂［格里斯（Griess）试剂］时，则溶液呈现粉红色、玫瑰红色、橙色、棕色等。

硝酸盐还原作用的反应式如下：

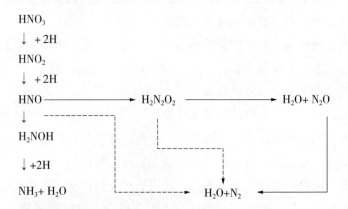

亚硝酸盐和格里斯氏试剂的化学反应如下：

对氨基苯磺酸　　　　　　　　　　对重氮苯磺酸

α-萘胺　　　　　N-α-萘胺偶氮苯磺酸（红色）

有两种可能导致发生阴性反应：①细菌不能还原硝酸盐，则培养后的培养液中仍有硝酸盐存在。②亚硝酸盐继续分解生成氨和氮，则培养液中没有亚硝酸盐存在，因而不出现颜色变化，但也不应该有硝酸盐存在。

是否存在硝酸盐可用下列试验加以证明：若有硝酸盐存在，当向溶液加入锌粉（把硝酸盐还原为亚硝酸盐），再加入亚硝酸盐试剂时，则溶液呈粉红色、玫瑰红色、橙色、棕色等。相反地，如果不存在硝酸盐时，则溶液不呈红色、橙色、棕色等。

具体操作为：取硝酸盐培养基 4 管，将 1 号菌、2 号菌分别接种于硝酸盐培养基中各 2 管，另取一管不接种作对照，置于 37 ℃环境中培养 1、3、5 天后取出检查。

检查时，把已接种的培养液分成两管。在其中一管中加入亚硝酸盐试剂，如出现粉红色、玫瑰红色、橙色、棕色等，为正反应。如得到负反应，则在另一管接种的培养液中加入少量锌粉，再加入亚硝酸盐试剂，加热，如出现上述颜色，证明硝酸盐仍存在，为负反应；如不出现红色，说明硝酸盐已被还原，为正反应。对照管也分成两管：一管加入亚硝酸盐试剂，观察有无上述颜色出现；另一管加入锌粉，加热，再加入亚硝酸盐试剂（5 mL 培养液加试剂 A 0.1 mL 和试剂 B 数滴），观察其颜色变化。

正反应以"＋"表示，负反应以"－"表示。硝酸盐还原试验可以用于判断细菌能否将培养基中的硝酸盐还原成亚硝酸盐。

4. 乙酰甲基甲醇（V. P）试验（Voges-Proskauer test）和甲基红（M. R）试验（Methyl Red test）

某些细菌在糖代谢过程中，会分解葡萄糖产生乙酰甲基甲醇（$CH_3COCHOHCH_3$），它在碱性条件下遇氧被氧化为二乙酰（$CH_3COCOCH_3$），此时所生成的二乙酰便会与蛋白胨中精氨酸所含的胍基反应，生成红色化合物即为阳性反应，以"＋"表示（如培养液中胍基太少时，可加少量肌酸或肌酸酐等含胍基的化合物，使反应更加明显）。其化学反应如下：

$$C_6H_{12}O_6 \rightarrow CH_3COCOOH \xrightarrow{-CO_2} CH_3CHO \xrightarrow{+CH_3COCOOH} CH_3COCHOHCH_3$$

葡萄糖　　　丙酮酸　　　　　　乙醛　　　　　　　　乙酰甲基甲醇

$$\xrightarrow[-2H]{+KOH} CH_3COCOCH_3$$

二乙酰

$$O=C-CH_3 \qquad NH_2 \qquad N=C-CH_3$$
$$\qquad | \qquad + HN=C \qquad \longrightarrow HN=C \qquad | \qquad + 2H_2O$$
$$O=C-CH_3 \qquad NH_2 \qquad N=C-CH_3$$

二乙酰　　　　　　胍　　　　　　二乙胍（红色化合物）

当在试管中加入 α-萘酚时，可以促进该反应的出现。

某些细菌在糖代谢过程中，分解葡萄糖产酸，使 pH 下降到 4.2 或更低，酸的产生可由加入甲基红指示剂的变色而指示（有效 pH 范围为 4.2～6.3）。加入甲基红后培养液由原来的桔黄色变为红色为阳性反应（MR^+），呈黄色者为阴性（MR^-）。甲基红指示剂不可加得太多，否则会出现假阳性反应。

具体操作为：取葡萄糖蛋白胨水培养基 4 管，将 1、2 号菌分别接种于培养基中各 2 管，另取一管不接种作为对照，于 37 ℃环境中培养 24～48 h 后检查。

检查时，将对照和培养管的培养液均一分为二，一份加入 V. P 试剂（α-萘酚酒精液 1 mL，40% KOH 溶液 0.4 mL），混合，若培养液于 2～5 min 内变为红色，则为阳性；若为原色或带黄铜色，则为阴性。V. P 试验可用于判断细菌能否分解葡萄糖产生乙酰甲基甲醇。另一份培养液各加入甲基红指示剂 3 滴，观察反应结果，红色为 MR$^+$，不变色为 MR$^-$。甲基红试验可用于判断细菌能否分解葡萄糖产酸。

5. 柠檬酸盐试验

细菌生长繁殖时，必须从基质中吸取碳源和氮源。有些细菌只能利用柠檬酸盐试验培养基中的磷酸铵作为氮源，而不能以柠檬酸盐作为碳源，因此，不能在柠檬酸盐培养基上生长〔琼脂和溴百里香酚蓝（bromothymol blue）中虽有碳，但不被细菌所利用〕；有的细菌能利用柠檬酸盐作为碳源，以磷酸铵作为氮源，从而能够生长，并产生碱性化合物使培养基由中性变为碱性，培养基由原来的绿色变为深蓝色（溴百里酚蓝指示剂的敏感范围为 pH 6.0～7.6，在酸性时呈黄色，中性时呈绿色，碱性时呈蓝色）。呈蓝色者为阳性反应，以"＋"表示；培养基仍为原有的绿色者为阴性反应，以"－"表示。以此试验判断细菌能否以柠檬酸盐为碳源。

6. 吲哚试验

某些细菌能分解蛋白胨中的色氨酸，产生吲哚，加入吲哚试剂，试剂中对二甲基氨基苯甲醛与吲哚反应，形成玫瑰吲哚而呈玫瑰红色，其化学反应如下：

色氨酸　　　　　　　　　　　　　　　　　　吲哚

吲哚　　对二甲基氨基苯甲醛　　玫瑰吲哚（玫瑰红色）

具体操作为：取蛋白胨水培养基 5 管，其中一管不接种细菌，作为对照组，余下 4 管各接种 1、2 号菌 2 管。将 5 管一起放入 37 ℃环境中培养 48 h 后取出，沿各管壁加入吲哚试剂 5 滴。若有吲哚产生，则见试剂与液面交界处产生一层玫瑰红色，即为阳性，以"＋"表示；若出现黄色层则为阴性，以"－"表示。吲哚反应可以用于判断细菌能否分解蛋白胨中的色氨酸，从而产生吲哚。

7. 硫化氢产生试验

某些细菌能分解培养基中的含硫氨基酸（如甲硫氨酸及胱氨酸）产生硫化氢，硫化氢遇铁盐或铅盐形成黑色的硫化铁或硫化铅；不产生硫化氢的细菌则不形成黑色，为使试验中的 H_2S 被氧化，须加入 $Na_2S_2O_3$ 以保持还原环境。

具体操作为：取 1、2 号菌分别穿刺接种于柠檬酸铁铵培养基中，各接种 2 管，于 37 ℃环境中培养 24 h 后，观察穿刺线周围是否呈现黑色，如穿刺线的周围呈现黑色，表示该菌能产生 H_2S，以"＋"表示。可以通过硫化氢产生试验判断细菌能否分解培养基中含硫氨基酸，从而产生硫化氢。

8. 无氮培养试验

若培养基中无氮源，则一般细菌不能在无氮源的培养基中生长。自生固氮细菌可通过固定游离的氮以获得氮素营养，因此其能在此培养基中生长。该实验可用于判断细菌能否固定游离氮。

101

具体操作为：取无氮培养基 4 管，分别接种 1、2 号细菌各 2 管，于 37 ℃环境中培养 48 h 后，观察细菌有无生长。

9. 明胶液化试验

明胶是一种动物蛋白质，在温度低于 20 ℃时会凝固成固体，高于 24 ℃则自行液化成液态。某些细菌会产生明胶液化酶，明胶经其分解后，即使温度低于 20 ℃，也不再凝固。利用此原理，我们可以通过实验鉴定某些细菌。

具体操作为：取 1、2 号菌分别穿刺接种于明胶深层培养基中各 2 管，于 37 ℃环境中培养 48 h，再移至 4 ℃冰箱静置半小时，观察明胶有无被液化。若明胶被液化，说明细菌可以产生明胶液化酶，以"＋"表示，反之以"－"表示。明胶液化试验可以用于判断细菌能否产生明胶液化酶。

10. 果胶酶试验

果胶是一类天然多糖，很多植物材料中含有果胶，多存在于植物细胞壁和细胞内层；许多水果果皮中也含有大量果胶，果胶酶能将果胶分解。加入果胶类物质可以使液体培养基胨化，但如果果胶被分解，固胨状的培养基又能回到液化状态，在培养基表面会出现下凹塌陷。细菌是否能产生果胶酶，可以通过在添加了果胶盐的果胶酶试验培养基上做表面点种，正常培养，菌落周围的培养基如出现液化下凹则为果胶酶试验阳性，没有变化则为阴性。

具体操作为：用果胶酶试验培养基的平板，取 1、2 号菌分别在培养基表面做点状接种（点种量和点种数不宜过多），于 28 ℃环境下倒置培养 2～4 天，观察接种点附近有无液化下凹。若培养基下凹，说明细菌产生果胶酶，以"＋"表示，反之以"－"表示。果胶酶试验用于判断细菌是否能产生果胶酶。

本节实验内容总结见表 12－1。

表12-1 细菌鉴定试验内容

序号	试验项目	培养基名称和形式	接种方法	接种管数	对照管数
1	斜面培养特征	牛肉膏蛋白胨斜面	以直线或曲线在斜面接种	1管/人	—
2	菌落特征	牛肉膏蛋白胨培养基平板	在平板上划线	1皿/人	—
3	葡萄糖厌氧发酵	葡萄糖发酵深层培养基	穿刺接种,接种后盖上1 mL石蜡油或0.5 cm厚无菌琼脂	1管/人	1管/4人
4	乳糖厌氧发酵	乳糖发酵深层培养基	穿刺接种,接种后盖上1 mL石蜡油或0.5 cm厚无菌琼脂	1管/人	1管/4人
5	甘油发酵	甘油发酵液体培养基	液体接种	1管/人	1管/4人
6	硝酸盐还原试验	硝酸盐还原试验液体培养基	液体接种	1管/人	1管/人
7	V. P 试验	葡萄糖蛋白胨液体培养基	液体接种	1管/人	1管/人
8	M. R 试验	葡萄糖蛋白胨液体培养基	液体接种	1管/人	1管/人
9	柠檬酸盐试验	柠檬酸盐琼脂斜面	在斜面以曲线接种	1管/人	1管/4人
10	硫化氢产生试验	柠檬酸铁铵琼脂深层培养基	穿刺接种	1管/人	1管/人
11	吲哚试验	蛋白胨水液体培养基	液体接种	1管/人	1人/4人
12	无氮培养试验	无氮培养基斜面	斜面曲线接种	1管/人	1管/4人
13	明胶液化试验	明胶深层培养基	穿刺接种	1管/人	1管/4人
14	果胶酶实验	果胶酶试验培养基平板	平板点种	1皿/人	1皿/人

四、实验结果

（1）把以上各项试验结果记入表 12 - 2。

（2）菌种检索。根据记录的结果，查阅细菌分类检索表（见附录一），最后确定所鉴定的菌种的种属。

表 12 - 2　细菌鉴定试验结果记录表

菌种编号：

试验项目		1 号菌	2 号菌	对照
形态特征	革兰氏染色			
	个体形态			
	大小特殊构造			
	斜面培养			
	平板培养（菌落）			
生理生化特性	与氧的关系			
	葡萄糖发酵			
	乳糖发酵			
	甘油发酵			
	硝酸盐还原试验			
	V. P 试验			
生理生化特性	M. R 试验			
	柠檬酸盐试验			
	硫化氢产生试验			
	吲哚试验			
	无氮培养试验			
	明胶液化试验			
	果胶酶试验			

五、思考题

1. 用下述的培养基进行吲哚试验是否可行？为什么？培养基的配制方法如下：

L – 色氨酸	3 g
KH_2PO_4	3 g
K_2HPO_4	1 g
NaCl	5 g
95% 乙醇	10 mL
蒸馏水	1000 mL
pH	6.8～6.9
灭菌	0.1 MPa，灭菌 20 分钟

2. 如果硝酸盐还原试验所得的结果 NO_2^- 和 NO_3^- 反应都是阴性，这种细菌有没有还原硝酸盐的能力？

实验十三　病毒、立克次氏体的形态观察及噬菌体效价测定

一、实验目的

（1）认识噬菌斑的形态及昆虫多角体病毒的形态。
（2）认识立克次氏体的形态。

二、实验器材

（1）器材：病毒形态的电子显微镜照片、苏云金杆菌噬菌体斜面、斜纹夜蛾核型多角体病毒（以虫尸为材料）、恙虫热立克次氏体涂片、无菌培养皿、接种环、显微镜、载玻片、盖玻片、牛肉膏蛋白胨琼脂固体及半固体培养基（1.5%、0.7% 琼脂）。
（2）溶液：40% 甲醛 – 70% 乙醇（1∶9）、1% NaOH 溶液、5% 伊红水溶液。

三、实验原理和内容

（一）病毒的形态观察

病毒为超显微的微生物，除较大的病毒外，一般在普通显微镜下观察不到，本实验以电子显微镜下的病毒照片为例。

（二）苏云金杆菌噬菌体噬菌斑的观察及效价的测定

虽然在普通显微镜下无法看到病毒，但由于噬菌体（细菌病毒）能够裂解特异细菌（微生物），利用这个特点，我们可以通过实验证

实它的存在。例如，生长丰盛的含菌平板一旦被该菌特异的噬菌体污染后，细菌被裂解，我们就可在生长丰盛的平板中发现空斑，也就是噬菌斑。噬菌斑的出现即证明了噬菌体的存在。

现用双层琼脂平板法制备苏云金杆菌的噬菌斑，具体操作如下：

主要使用的菌体是苏云金杆菌和苏云金杆菌噬菌体。

（1）稀释噬菌体：从噬菌体斜面取 2 环噬菌体放于 9 mL 无菌水作原液，然后逐级稀释 10 倍成 10^{-1} 到 10^{-8} 的梯度浓度，并做好标记。

（2）倒底层平板：每平皿倒已热熔化的牛肉膏蛋白胨培养基（1.5% 琼脂）约 10 mL。

（3）倒上层平板：将装有 5 mL 牛肉膏蛋白胨培养基（0.7% 琼脂）的试管加热熔化再将其放于 50 ℃左右的水浴箱内保温备用。实验中每皿取一支牛肉膏蛋白胨培养基试管加入 1 mL 的苏云金杆菌菌液和 0.1 mL 的苏云金杆菌噬菌体稀释液，摇匀后倒至已凝固的底层平板上。取 10^{-5}～10^{-8} 各个稀释度稀释液分别各做 2 皿。

（4）做对照：按以上方法制备一个不加噬菌体的平板。

（5）观察、统计和计算：待上层平板凝固后，倒置于 37 ℃的环境中培养 18～24 h，观察平板表面空斑的形状和数量，并计算出原液的噬菌体效价。

所谓噬菌体的效价测定，就是测定噬菌体的浓度，即测定 1 mL 培养液中含有活噬菌体的数量，这个数量即噬菌体的效价。

取噬菌斑每皿平均数在 10～100 个的稀释度，按以下公式计算：

$$n = Y/VX \qquad (13-1)$$

式中：n 为效价，Y 为噬菌斑数目，X 为噬菌体稀释度，V 为噬菌体稀释液的体积（mL）。

例如，当稀释度为 10^{-5} 时，在 0.1 mL 噬菌体样品中有 120 个噬菌斑，可以得到：

噬菌体原液的效价 $=120/(0.1\times10^{-5})$

$=1.2\times10^{8}$（个/毫升）

（三）斜纹夜蛾核型多角体病毒的观察

昆虫病毒能在寄主细胞内产生特殊的晶体颗粒，这些颗粒常常是单个或多个病毒粒子被包围在不溶于水的蛋白质膜内，结晶形成的多角体，一些多角体的直径可达 0.5～15 μm，在普通显微镜下可以观察到。现以斜纹夜蛾核型多角体病毒为代表，学习涂片观察。

实验材料是被病毒感染的斜纹夜蛾。具体步骤如下：

取夜蛾体表层下的黏稠液体（2 环）→ 涂布玻片 → 自然干燥 → 化学固定（40% 甲醛和 70% 乙醇按 1∶9 的比例配制，10～20 min）→ 吸干固定液 → 助染（1% NaOH 溶液，1 min）→ 水洗 → 染色（5% 伊红，3～5 min）→ 水洗 → 干燥 → 油镜镜检

（1）涂片：挑取少许（2 环）感染病毒的虫尸流出的黏稠液体于载玻片上，涂匀制成涂片。

（2）固定：涂片经空气自然干燥后，用 70% 乙醇和 40% 甲醛溶液混合液（体积比为 9∶1）固定 10～20 min。固定涂片时，以固定液覆盖玻片为度，并注意在固定时间内添加固定液，不让其干涸。

（3）用滤纸吸干固定液。

（4）助染：加 1% NaOH 溶液于涂片上，处理 1 min。NaOH 溶液的作用是使多角体蛋白质晶格松散，或使蛋白质晶格的结构改变，以达到助染的目的。

（5）用水洗去碱性溶液。

（6）染色：用 5% 伊红溶液染色 3～5 min，染色结束后进行水洗。

（7）镜检：涂片干燥后于显微镜油镜下观察，可见粉红色的多边体，多数是五边形、六边形，也有少数是三边形和四边形，大小为 1.6～5.0 μm，多数为 2～3 μm，即多角体病毒。

（四）恙虫热立克次氏体形态观察

立克次氏体，相当于较小的细菌，在普通显微镜下可以见到，通常情况下为球杆状，由于培养条件或时间的不同，可出现长杆状或丝

状，具多形态性。本实验以恙虫热立克次氏体为示范片观察。

四、思考题

1. 为何可以根据噬菌斑的数量测定噬菌体的浓度？
2. 认识噬菌斑与病毒多角体在实践上有什么意义？

实验十四　免疫血清的制备与凝集试验

一、实验目的

（1）了解凝集原与凝集素的制备方法。

（2）观察在玻片上和试管内发生凝集反应的凝集现象，以及测定免疫血清的效价。

二、实验器材

（1）动物：家兔。

（2）菌种：大肠杆菌、枯草杆菌。

（3）培养基：肉汤斜面培养基。

（4）其他：0.5%苯酚生理盐水、无菌吸管、无菌毛细吸管、无菌大试管、无菌小试管、无菌注射器及针头、酒精、碘酒、棉球、苯酚或硫酸汞、离心机、麦氏（McFarland）标准比浊管、玻片、小试管、试管架、生理盐水、水浴箱等。

三、实验原理和内容

（一）实验原理

将细菌或红细胞等细胞性抗原材料注射到动物机体后，动物体内便会产生相应的抗体，待动物血清中产生大量抗体时，采集该动物血液，分离出血清，即可得到所需要的特异性抗血清。细胞性抗原与特异性抗血清混合，在电解质的参与下，会形成大小不等、肉眼可见的凝集块，这种现象就叫作凝集反应。凝集反应中的抗原称为凝集原，抗体则称为凝集素。电解质的作用主要是消除抗原抗体结合物表面的电荷，使其失去同电相斥的作用而互相凝聚，呈现凝集反应；若无电解质参与，即使抗原抗体发生结合也不能聚合成明显的凝集块。

常用电解质为 0.85% NaCl 溶液。若将 NaCl 溶液增至一定浓度，即使无特异抗体存在，细胞也能凝集。

增温能促进分子运动，有利于抗原、抗体分子的接触和结合，因而在一定温度范围内，凝集反应的出现随温度的增高而加速，但当温度超过 60 ℃后，抗体会遭到破坏。

本实验用玻片法观察凝集反应，以证明抗原与抗体间的特异性。用试管法测定血清效价，以能显现明确的凝集反应（＋＋）的最高稀释度为该血清的效价。

（二）抗血清的制备

1. 细菌性抗原的灭活与制备

（1）将大肠杆菌标准纯种接种于肉汤斜面培养基，在 37 ℃环境中培养 24 h。

（2）吸取灭菌的 0.5% 苯酚生理盐水 5 mL，注入大肠杆菌培养物内，并将菌洗下。

（3）用无菌毛细吸管吸取洗下的菌液，注入无菌小试管中。

（4）将此含菌液的小试管放在 60 ℃水浴中保温 1 h，从而获得死菌液。

（5）向与比浊管同质地的小试管中加菌液 1 mL，再加入 4 mL 0.5% 苯酚生理盐水，混匀后与 McFarland 标准比浊管比浊。McFarland 比浊管的组成及其相当的菌数见表 14 - 1。

表 14 -1 McFarland 比浊管的组成及其相当的菌数

	管 号									
	1	2	3	4	5	6	7	8	9	10
1% BaCl$_2$ （mL）	0.1	0.2	0.3	0.4	0.5	0.6	0.7	0.8	0.9	1.0
1% H$_2$SO$_4$ （mL）	9.9	9.8	9.7	9.6	9.5	9.4	9.3	9.2	9.1	9.0
相当菌数（亿/mL）	3	6	9	12	15	l8	21	24	27	30

取大小相等、质地相同的试管 10 支，依次加入上表所列药物，然后以火焰加热并封闭管口，标明管号及相当菌数，即制得 McFarland 比浊管。

例：若以上制得的 1:5 稀释菌液与第 3 号比浊管相当，则 1 mL 原菌液的菌数为 45 亿个（5×9 =45）。

（6）用 0.5% 苯酚生理盐水将原菌液稀释至 1 mL 含 9 亿个细菌。

（7）于肉汤培养基内接种少量已稀释好的菌悬液，培养 24 ~ 48 h，观察有无细菌生长，其余可放冰箱备用。

2. 免疫注射（示范）

选择体重 2 kg 以上的健康家兔，按下列时间间隔和剂量，用上述制得的菌液做耳静脉注射。

第 1 天：0.2 mL 菌液。

第 2 天：0.4 mL 菌液。

第 4 天：0.8 mL 菌液。

第 6 天：2.0 mL 菌液。

第 14 天：对实验家兔静脉采血 1 mL，分离出血清，测定其凝集效价，如果合格即可大量采血；如果效价不够高，可再增量注射菌液 1~2 次，再行试血，合格后即可放血。

具体步骤如下：

（1）将家兔固定于特制的木箱中，或由助手用双手按住放在实验台上。

（2）选定一耳翼的边缘较粗的血管，用手轻弹或摩擦几下，或用二甲苯擦拭，使血管充血，并用酒精消毒。

（3）用左手拇指与中指夹住家兔耳部，并用食指垫于欲注射的血管下面，右手持注射器，使针尖与静脉平行，然后沿静脉刺入，注入菌液。若针尖确在静脉内，则阻力很小，并可见血管变白，注射物沿血管前进。若阻力较大或皮下隆起，应立即停止注射，重新刺入血管，或另选部位注射。

（4）注射完毕，在拔出针头前，应先用较干酒精棉球按住注射处，然后拔出针头。针头拔出后，继续按压片刻以防止出血。

3. 心脏采血法和抗血清的分离制备（示范）

（1）助手用左手握住家兔的颈部和两只前腿，右手握住家兔的后腿，使家兔仰卧。

（2）实验操作者用左手在家兔肋骨左侧探得心脏搏动最强的部位，用碘酒与酒精消毒该部位，右手持注射器从该处刺入。若已刺入心脏，可见针尖随心脏搏动而上下跳动，轻抽注射器可见心血涌入注射器，慢慢抽取血液，一般抽取 20 mL 血液家兔不会死亡。抽取所需血量后，迅速拔出注射器，并用消毒干棉球按住针刺处片刻。

（3）将所抽得的血液以无菌操作注入一已灭菌的大试管或三角瓶中，斜置，凝固后放入 4～6 ℃的冰箱中，让血清自行析出。

（4）从上述凝固血液的容器中分离出上层清液，即为所需的抗血清。若血清带有红细胞则置于离心机以 3000 r/min 的转速离心 15 min。将抗血清装入灭菌细口瓶中，并测定其效价。

（5）加入防腐剂，使抗血清含有 0.5% 苯酚溶液或 0.1% 硫酸汞溶液。

（6）蜡封瓶口，贴上标签，注明抗血清名称、效价及制备日期，放冰箱备用。

（三）凝集试验方法

1. 玻片法（定性分析）

（1）取清洁的载玻片两块（图 14-1、图 14-2），用记号笔划

113

线将其分成左右两格，并分别加上下列各材料（取稍多一些材料，以免干涸）。

1：20 大肠杆菌抗血清 + 大肠杆菌	生理盐水 + 大肠杆菌

注：1：20 为稀释 20 倍的抗血清。

图 14－1　玻片 1

1：20 大肠杆菌抗血清 + 枯草杆菌	生理盐水 + 枯草杆菌

注：1：20 为稀释 20 倍的抗血清。

图 14－2　玻片 2

（2）轻轻摇动载玻片，使材料混匀，静置数分钟后，以肉眼或低倍镜观察是否有凝集现象。

凝集：液体变清，液体中有可见的凝集小块，称为阳性反应，以"＋"表示。

不凝集：液体仍呈均匀混浊状态，液体中无可见的凝集小块，称为阴性反应，以"－"表示。

2. 试管法（定量分析）

（1）于试管架上放置 10 支小试管。

（2）每管加入生理盐水 0.5 mL。

（3）加 0.5 mL 1：10 稀释度的大肠杆菌抗血清于第 1 管中，吹吸3 次，使充分混匀，混匀后，由第 1 管中吸出 0.5 mL 于第 2 管中，混匀，再由第 2 管中吸出 0.5 mL 于第 3 管中。以此类推，至第 9 管时，吸出 0.5 mL 弃去，此时抗血清的稀释倍数分别为 1：20、1：40、1：80……，详见表 14－2。第 10 管不加抗血清，作为对照。

注意：每管加入抗血清混匀时，必须用吸管吹吸 3 次，第 2 次吸入吸管的高度决不能低于第 1 次，后一试管吸入吸管的高度决不能低于前一试管所吸入的高度，否则会导致稀释浓度不准确，若每一稀释浓度均采用一支干净吸管，则无须注意吸入吸管的高度。

表14-2 抗血清效价滴定法

	试管号									
	1	2	3	4	5	6	7	8	9	10
生理盐水（mL）	0.5	0.5	0.5	0.5	0.5	0.5	0.5	0.5	0.5	0.5
加1：10稀释的血清于第1号管，混匀后加入下一号管（mL）	0.5	0.5	0.5	0.5	0.5	0.5	0.5	0.5	0.5	—
血清的稀释度	1/20	1/40	1/80	1/160	1/320	1/640	1/1280	1/2560	1/5120	—
细菌悬液（mL）	0.5	0.5	0.5	0.5	0.5	0.5	0.5	0.5	0.5	0.5
抗血清最终稀释度	1/40	1/80	1/160	1/320	1/640	1/1280	1/2560	1/5120	1/10240	—
结果										

（4）各管加入大肠杆菌菌液 0.5 mL，摇匀。

（5）置于 37 ℃ 环境中培养，次日取出并观察结果。凡最高抗血清稀释度与菌液可产生明显凝集现象（＋＋）者，即为该抗血清的效价。如 1/20 的稀释度则效价为 20。

（6）记录结果。

有无凝集反应及反应的强弱用下列记号表示。

"＋＋＋＋"：凝集反应很强，管内液体完全澄清，凝集块全部沉于管底。

"＋＋＋"：凝集反应强，管内液体不完全澄清，部分凝集块沉于管底。

"＋＋"：凝集反应为中等强度，管内液体半澄清，部分凝集块沉于管底。

"＋"：凝集反应弱，管内液体混浊，有极少量凝集。

"－"：不凝集，液体混浊程度与对照管相似。

本实验应注意以下几点：①用玻片法观察结果时，不能待玻片干后再观察。②用试管法观察结果时，如果不凝集的试管放置时间较长，细菌也可能下沉管底，但摇动时像云雾或炊烟升起，与凝集块显著不同。③血清学反应非常灵敏，即使仅有极少量的抗原、抗体，亦能发生明显的反应。因此，凡是吸取过血清的吸管，不得再吸取菌液。

五、思考题

1. 为什么在凝集反应时一定要加入电解质？试述哪些因素会影响凝集反应？

2. 玻片凝集法和试管凝集法各有何优缺点？

3. 制备免疫血清时，为什么一定要采用经过鉴定的标准菌株？

实验十五　苏云金芽孢杆菌的分离和鉴定

一、实验目的

（1）了解苏云金芽孢杆菌的杀虫功效。

（2）学习从土壤中选择性分离苏云金芽孢杆菌的方法。

（3）掌握苏云金杆菌的形态特点和常规鉴定方法。

二、实验器材

（1）材料：土壤样品。

（2）培养基：牛肉膏蛋白胨琼脂培养基（平板和斜面）与液体培养基、糖发酵培养基（葡萄糖、木糖、阿拉伯糖、甘露醇）、葡萄糖蛋白胨水培养基、柠檬酸盐斜面培养基、硝酸盐培养基、苯丙氨酸脱氨试验培养基、牛奶琼脂培养基、酪氨酸肉膏蛋白胨培养基、明胶培养基、淀粉牛肉膏蛋白胨培养基。

（3）药品试剂：革兰氏染色试剂、0.1%美蓝染色液、石炭酸复红染色液（又称苯酚品红染色液）、乙酰甲基甲醇（V.P）试剂、亚硝酸盐试剂、青霉素、多黏菌素 B、溶菌酶、鲜蛋黄、H_2O_2、10%（W/V）$FeCl_3$ 溶液、生理盐水、香柏油、二甲苯、无菌水。

（4）器材用具：无菌培养皿、无菌吸管、无菌三角瓶（内装玻璃珠）、试管、酒精灯、涂布棒、接种环、接种针、水浴锅（恒温水箱）、精密 pH 试纸、显微镜、擦镜纸、载玻片、培养箱。

三、实验原理和内容

（一）实验原理

苏云金芽孢杆菌（*Bacillus thuringiensis*，简称 Bt 菌）是一种革兰氏阳性细菌，也是迄今研究最多、应用最为广泛的病原性杀虫细菌，尤其对于鳞翅目昆虫有强大的防治效果。苏云金芽孢杆菌的成熟营养体内能形成芽孢和伴孢晶体（parasporal crystal），其杀虫活力源于伴孢晶体内的晶体蛋白——δ-内毒素，以及β-外毒素、α-外毒素和γ-外毒素。

苏云金芽孢杆菌在自然界中分布广泛，既可在昆虫体内寄生，又可在土壤中分解有机体以腐生生存，因而菌种不仅可以从罹病虫体中分离得到，也可以从土壤、落叶及垃圾等物上分离得到。本实验以选择性筛选和培养手段，从土壤中分离苏云金芽孢杆菌。

土壤是苏云金芽孢杆菌的良好栖息地，自然也是其他众多微生物繁殖的温床，微生物种类极为丰富。在有目的地分离苏云金芽孢杆菌过程中，必须抑制非目的菌的生长，排除其对苏云金芽孢杆菌的培养干扰，才能达到分离纯化苏云金芽孢杆菌的目的，这就是选择性培养的含义。

分离与培养苏云金芽孢杆菌过程中，既要选择性抑制真菌类及非芽孢细菌的生长（常通过加温处理），又要选择性抑制同类芽孢细菌的生长（适当添加适量的抗菌素处理），再通过一些稀释分离的手段，以及再纯化的过程，获得目标纯菌种，最后通过菌种鉴定和必要时的感染昆虫及毒力活性测试，进行最后的菌种确认。

确证生物活性的苏云金芽孢杆菌经过扩大培养后，收集其菌体并添加适量的填充料，可以制成杀虫菌粉，对玉米螟、松毛虫、棉铃虫、菜青虫、稻苞虫和黏虫等几十种危害农林作物的鳞翅目昆虫的幼虫具有很强的感染杀虫力，是很好的生物防治制剂。

（二）苏云金芽孢杆菌的土壤菌种分离（稀释涂布法）

1. 土壤取样

铲去取样点的土表层，用干净的采样工具铲取土样 50～100 g，每个采样点至少取 10 处，并将所采土样装于无菌瓶中混匀，带回实验室风干、碾碎，充分混合后取约 50 g 细土，密闭于塑料袋中并保存在低温干燥处。

2. 样品处理

称取 10 g 土样于装有 100 mL 无菌水的三角瓶中（瓶内装有玻璃珠），充分振荡以分散菌体，即成为稀释 10 倍的土壤悬液，置于 65 ℃ 水浴中预处理 15 min，杀灭真菌及非芽孢类微生物。

3. 分离培养基

向牛肉膏蛋白胨琼脂培养基加入适量抗生素（青霉素、多黏菌素 B，或者两者同时添加，浓度为 4～5 mg/L）进行选择性培养。加入青霉素和多黏菌素 B 对其他芽孢类细菌有较好的抑制作用，而对苏云金芽孢杆菌的影响甚微，因此选择性培养效果很好，可以较大地提高苏云金芽孢杆菌的检出率。但抗生素的含量不能太高，否则同样会抑制苏云金芽孢杆菌的生长，影响分离效果。有时在培养基中单独添加多黏菌素 B（浓度为 5 mg/L）也有较好的分离效果。

琼脂培养基以三角瓶盛装，做常规灭菌，灭菌完成立即添加抗生素，待冷却至 50 ℃ 左右时倾倒入无菌培养皿备用。

4. 稀释分离

采用 10 倍逐级稀释法，依次得到 10^{-2}、10^{-3}、10^{-4}、10^{-5}、10^{-6} 稀释度的土壤稀释液。可根据土壤中微生物的数量，决定最高的稀释度。土壤稀释方法详见"实验九　微生物的接种、分离技术与菌种保藏"。

119

用无菌移液管取上述 3～5 个连续稀释度的土壤稀释液 0.1 mL，每一个稀释度重复做 3 次，分别放入分离培养基的无菌琼脂平板中，用无菌三角扩散棒将稀释液涂布开来。

5. 培养、观察和镜检

将涂布好的培养皿倒置于 30 ℃ 培养箱中恒温培养。

培养 24 h、48 h、72 h 后，观察记录培养菌落的形态。苏云金芽孢杆菌在牛肉膏蛋白胨培养基中培养 24 h 后即可形成灰白、大小均匀、黏湿、不透明、有皱纹、边缘不规则的菌落。挑取外观疑似的菌落，用石炭酸复红染料染色 1～2 min，镜检，观察记录菌体、芽孢和伴孢晶体的形态。若具有杆状营养体、芽孢及伴孢晶体，可初步确定为苏云金芽孢杆菌，挑取这些菌落做重复的培养观察，其余菌落可以灭菌后丢弃。

最后将拟确定的目标菌落转至培养斜面，反复转管培养。若菌种不纯，可再依法反复稀释，或配合进行划线分离，直至获得纯培养菌株为止。

6. 菌种储存

将检查合格、有伴孢晶体的纯培养菌株转至无菌斜面，于 30 ℃ 环境中培养 24 h 后直接放 4 ℃ 冰箱保藏。或取高浓度的斜面孢子悬液于无菌砂土管中，置于真空干燥器内抽真空后于 4 ℃ 冰箱中冷藏保存。

（三）苏云金芽孢杆菌的菌种鉴定

1. 细菌形态特征

（1）革兰氏染色和芽孢染色。取 24 h 菌龄的培养物，以革兰氏染色法进行染色（方法见“实验二　细菌染色技术”）并在显微镜油镜下观察，以鉴定菌株属于革兰氏阳性菌还是阴性菌。

一般情况下，观察芽孢不是必须通过芽孢染色法，在革兰氏染色或者普通石炭酸复红染色 1～2 min 后就能在油镜下看到，苏云金芽孢杆菌的芽孢和伴孢晶体甚至可以不经染色直接在相差显微镜下观察到。极少数情况下才须经芽孢特殊染色（方法详见"细菌染色技术"）后在普通光学显微镜下观察。

观察芽孢时注意芽孢的形状、大小及着生位置，芽孢囊是否膨大，伴孢晶体的形状与分布等。当苏云金芽孢杆菌菌体老熟时，芽孢呈椭圆或卵圆形着生于菌体细胞一端，大小约（0.8～0.9）μm×2.0 μm，在细胞的另一端形成一至多个菱形或正方形的伴孢晶体。有时芽孢位于细胞中央，而伴孢晶体却位于细胞两端，完全成熟后的芽孢和伴孢晶体常呈游离状。能形成芽孢并同时形成伴孢晶体是苏云金芽孢杆菌区别于其他芽孢杆菌的最显著的形态特征。

（2）菌体大小及个体形态观察。在进行革兰氏染色观察和芽胞染色观察的同时，注意观察细菌营养体的形态、大小、杆菌两端、排列及分布等个体特征，同时测定菌体大小（方法见"实验六　显微测微技术"），做好记录。

（3）通过鞭毛染色法染色。以鞭毛染色法确定鞭毛的有无及其着生位置等。须取 24 h 的培养菌及多个重复实验的一致结论，获得准确的结果。

（4）用美蓝染色液染色。取幼龄培养物，用 0.1% 美蓝染色液染色，观察原生质中有无不着色的聚 β - 羟基丁酸颗粒。

2. 细菌培养特征

（1）斜面培养特征。取牛肉膏蛋白胨斜面试管，用接种环挑少量菌种由下向上划一条直线或弯折线接种，于 30 ℃环境中培养 24 h，观察其生长情况（形状及光泽等），做好记录。

（2）菌落形态。将培养物接种于牛肉膏蛋白胨琼脂平板，置 30 ℃环境中培养 48 h 后，观察记录单个菌落的培养特征（形状、大小、表面、边缘、隆起形状、透明度、干湿度、颜色和气味等）。苏云金芽孢杆菌的培养菌落在牛肉膏蛋白胨培养基上呈乳白色至灰黄色，不透明，湿润，略呈圆形、扁平状，表面有皱纹，边缘稍不整齐。

3．细菌生理生化鉴定

（1）细菌与氧气的关系试验（方法见"实验十二　细菌的鉴定"）。

（2）过氧化氢酶反应。在一洁净的载玻片上先加 1 滴 5% H_2O_2 溶液，然后挑取 24 h 的培养菌落涂抹在上面，观察有无气泡出现，有气泡为阳性，无气泡则为阴性。阳性反应表明菌落中有过氧化氢酶存在，能将 H_2O_2 分解为 H_2O 和 O_2。

（3）卵磷脂酶测定。卵磷脂酶也是一种分解酶，它能催化卵磷脂的分解反应生成脂肪和水溶性的磷酸胆碱。

卵磷脂　　　　　　　　甘油酯或脂肪　　　　　磷酸胆碱

制蛋黄平板：在无菌操作下取鲜蛋黄一枚于等量的生理盐水中，充分摇匀制成蛋黄液。取 10 mL 蛋黄液加入熔化并冷却至约 50 ℃ 的 200 mL 牛肉膏蛋白胨琼脂培养基中，混匀后迅速倾倒培养皿，制成蛋黄平板备用。

实验时用接种针取菌种点接于蛋黄平板表面，每皿点 4 点，于 30 ℃ 环境中培养 48 h，观察其生长情况。在菌落周围和菌落下部如有不透明的区域出现，则表明蛋黄中的卵磷脂被分解成脂肪和水溶性的磷酸胆碱，呈阳性反应，说明菌株有卵磷脂酶存在。实验时可设对照组进行观察。

（4）溶菌酶抗性试验。制溶菌酶溶液：称取 0.1 g 溶菌酶加入 60 mL 无菌的 0.01 N HCl 中，在小火上煮沸 20 min 即成溶菌酶溶液。冷却后将此溶液 1 mL 与 99 mL 已灭菌的牛肉膏蛋白胨液体培养基混合，分装于无菌试管即成溶菌酶肉膏蛋白胨培养液。接种培养，同时设无酶对照管，于 30 ℃ 环境中培养，定期观察记录菌株的生长情况。

（5）耐盐性试验。在牛肉膏蛋白胨液体培养基中添加 2%、5%、7% 等不同浓度的 NaCl，同时设正常低盐对照管，接种后于 30 ℃ 条件下培养，定期观察记录菌株的生长情况。

（6）糖（或醇）类发酵试验（方法见"实验十二　细菌的鉴定"）。分别测试细菌对 D – 木糖、D – 葡萄糖、L – 阿拉伯糖和 D – 甘露醇的利用情况，以及利用葡萄糖产气的情况，做好实验记录。

（7）硝酸盐还原试验（方法见"实验十二　细菌的鉴定"）。

（8）乙酰甲基甲醇（V. P）试验（方法见"实验十二　细菌的鉴定"）。

（9）柠檬酸盐试验（方法见"实验十二　细菌的鉴定"）。

（10）苯丙氨酸脱氨酶试验。在苯丙氨酸脱氨酶存在下，苯丙氨酸被氧化脱氨形成苯丙酮酸，遇到 $FeCl_3$ 呈蓝绿色。将苯丙氨酸脱氨酶试验培养基制成试管斜面，接入菌种，于 30 ℃ 条件下培养 3～7 天后，加入 10% $FeCl_3$ 溶液 4～5 滴，斜面和试剂交界处呈蓝绿色者为阳性反应，表明菌株可以分泌苯丙氨酸脱氨酶。

（11）酪蛋白水解试验。将牛奶琼脂培养基制成牛奶平板，将菌种点接于平板上面，每皿接 3～5 点，于 30 ℃ 环境中培养 1、3、5 天，观察菌落周围和菌落下部是否出现透明圈区域，酪蛋白被分解而呈现透明为阳性反应，表明菌株有分解酪蛋白的能力。

（12）酪氨酸水解试验。具有酪氨酸酶的菌株能使酪氨酸、酚等酚类化合物氧化成醌，再经脱水、聚合等系列反应生成黑色的不溶物质。将酪氨酸牛肉膏蛋白胨培养基制成后分装到试管中，灭菌后趁热摆成斜面，接种后置于 30 ℃ 条件下培养 3～7 天，观察斜面出现黑色素者为阳性反应，表明菌株能产生酪氨酸酶。

（13）明胶水解试验（方法见"实验十二　细菌的鉴定"）。

（14）淀粉水解试验。该试验用于测试淀粉酶的存在。产生淀粉酶的菌株能将淀粉水解为无色的小分子糊精，进而分解为麦芽糖和葡萄糖，使淀粉遇碘不再变蓝色，由此验证淀粉酶的存在。

淀粉牛肉膏蛋白胨培养基（加 0.2% 可溶性淀粉）分装至三角瓶，灭菌后在冷却至 50 ℃ 时倒入无菌培养皿。将菌种点接于平板上面，每皿接3~5点，在30 ℃环境下培养2~3天，在菌落周围滴加碘液，这时平板呈现蓝色；如果菌落周围有无色透明圈出现，说明淀粉被水解，为阳性反应，而透明圈大小反映了细菌水解淀粉能力的大小。

4．记录鉴定结果

将各项鉴定实验的结果汇总记入表15－1，然后查阅对照细菌分类鉴定手册的相关内容（见附录），最后确定所分离得到的菌株是否为苏云金芽孢杆菌（图15－1）。

表15－1　苏云金芽孢杆菌的鉴定实验结果记录表

		菌株编号		对照
形态特征	革兰氏染色			
	菌体形态			
	菌体大小（长×宽）/μm			
	原生质均匀与否			
	芽孢（有无、形状、大小、着生位置）			
	芽孢囊膨大与否			
	伴孢晶体（有无、形状）			
	鞭毛			
培养特征	斜面培养			
	平板培养（形状、颜色、大小、透明度、干湿度、气味、表面、边缘）			
生理生化特性	与氧的关系			
	生长温度（最低~最高）/℃			
	溶菌酶抗性（0.001%）试验			
	耐盐性试验（2%、5%、7% NaCl）			
	耐酸性培养基（pH 5.7）			
	过氧化氢酶反应			

续表 15 – 1

		菌株编号			对照
生理生化特性	卵磷脂酶测定				
	葡萄糖发酵试验				
	阿拉伯糖发酵试验				
	木糖发酵试验				
	甘露醇发酵试验				
	硝酸盐还原试验				
	V. P 试验				
	V. P 培养液生长后 pH				
	柠檬酸盐试验				
	苯丙氨酸脱氨酶试验				
	酪蛋白水解试验				
	酪氨酸水解试验				
	明胶水解试验				
	淀粉水解试验				
鉴定结果					

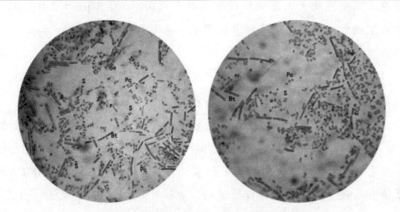

Bt：营养体；S：芽孢；Pc：伴孢晶体

图 15 – 1 苏云金芽孢杆菌的显微形态（1600 ×）

四、思考题

1. 苏云金芽孢杆菌有哪些菌落和个体特征？为什么说它比较容易被识别？

2. 从土壤中分离苏云金芽孢杆菌为何要用选择性培养基？有哪些具体措施？

3. 要获得高生物活性的杀虫菌株，你有哪些途径和手段？

附：苏云金芽孢杆菌的鉴定特征

（1）培养菌落在牛肉膏蛋白胨培养基上呈乳白色至灰黄色，不透明，湿润，略呈圆形、扁平状，表面有皱褶，边缘不规则；革兰氏阳性，兼性厌氧菌。

（2）营养体杆状，单个存在或2～4个形成短链状，两端钝圆，具周生鞭毛，有运动性；体内同时形成芽孢和伴孢晶体，成熟后芽孢和伴孢晶体游离。

（3）菌体宽度在0.9 μm以上（1.0～1.2 μm×3.0～5.0 μm），芽孢囊不明显膨大，芽孢椭圆形或柱形（0.8～0.9 μm×2.0 μm）、中生至端生，伴孢晶体菱形、椭圆形、方形或不规则形状，单个或多个出现于细胞的一端或两端。

（4）生长温度为10～40 ℃；生长在葡萄糖营养琼脂上的幼龄细胞用美蓝淡染色，原生质中有不着色的颗粒。

（5）生理生化特性。乙酰甲基甲醇试验（V.P试验）结果为"+"，于V.P培养液中生长后的pH<6。接触酶（过氧化氢酶）反应结果为"+"。卵磷脂酶测定结果为"+"。抗溶菌酶（0.001%）试验，结果为"+"。耐盐性试验（7% NaCl溶液）结果为"+"。在酸性培养基（pH 5.7）上生长，结果为"+"。糖（或醇）类发酵试验：D-木糖发酵结果为"-"；D-葡萄糖发酵结果为"+"；L-阿拉伯糖发酵结果为"-"；D-甘露醇发酵结果为"-"；葡萄糖产气结果为"-"。柠檬酸盐试验结果为"+"。硝酸盐还原试验

结果为"＋"。苯丙氨酸脱氨酶试验结果为"－"。酪蛋白水解试验结果为"＋"。酪氨酸水解试验结果为"＋"。明胶水解试验结果为"＋"。淀粉水解试验结果为"＋"。

实验十六　外生菌根菌的分离及染色鉴定

一、实验目的

（1）了解菌根真菌在作物育苗、植树造林和植被恢复等方面的积极意义。

（2）学习外生菌根菌的分离技术。

（3）掌握对自然菌根形态的染色观察和鉴定方法。

二、实验器材

（1）材料：菌根真菌（子实体和担孢子）及针叶松科植物（马尾松 *Pinus massoniana*、湿地松 *Pinus elliottii*、油松 *Pinus tabulaeformis*、华山松 *Pinus armandii*、加勒比松 *Pinus caribaea*、云南松 *Pinus yunnanensis*、思茅松 *Pinus kesiya* var. *langbianensis*、高山松 *Pinus densata*、火炬松 *Pinus taeda*、赤松 *Pinus densiflora*、樟子松 *Pinus sylvestris* var. *mongolica*、落叶松 *Larix gmelinii*、长白落叶松 *L. olgensis*、华北落叶松 *L. principis-rupprechtii*、红松 *Pinus koraiensis* 和黄山松 *Pinus taiwanensis* 等）的菌根、侧根和根部菌索。

（2）培养基：真菌培养基（PDA、马丁氏或查氏培养基）。

（3）试剂：70% 乙醇、0.1% $HgCl_2$ 溶液、1% 孟加拉红水溶液、1% 链霉素水溶液、10% KOH 溶液、1% HCl 溶液、碱性 H_2O_2、0.01% 酸性复红（品红）乳酸液、甘油、KH_2PO_4、K_2HPO_4、$MgSO_4 \cdot 7H_2O$、$NaNO_3$、KCl、$FeSO_4 \cdot 7H_2O$、葡萄糖、蔗糖、蛋白胨、琼脂。

（4）器材：培养皿、三角瓶、烧杯、量筒、移液管、滴管、试管、玻棒、载玻片、盖玻片、酒精灯、乳钵、乳棒、天平、接种针、剪刀、镊子、刀片、棉花、纱布、电炉、滤纸、pH 试纸、土壤筛

（尼龙筛）、培养箱、显微镜、水浴锅、离心机、高压灭菌锅等。

三、实验原理和内容

（一）实验原理

菌根（mycorrhiza）是土壤中的植物根系与真菌菌丝形成的一种共生联合体，是植物和真菌在长期的生存过程中共同进化的结果。

菌根真菌从植物体内获取自身所需的碳水化合物和营养物质，而植物也从真菌中得到某些独特的营养成分和活性产物，从而提高植物在不良环境下的抗御能力，促进根系发育和植物生长，因此菌根中的真菌与植物是互为补充、相互依存的关系。菌根既是共生体，组成菌根的真菌和植物又具有各自独立的生物特征。菌根真菌在植物育种移栽、植树造林、逆境植被恢复和农业增产方面发挥着重要的作用，相关的应用技术取得了较大的进展，受到日益广泛的关注；此外，许多大型菌根真菌是品质优良的食用菌。

根据菌根在根系的着生部位及形态学特征，可将菌根分为外生菌根（ectomycorrhiza）、内生菌根（endomycorrhiza）和内外生菌根（ectendomycorrhiza）三种主要类型，此外还有混合菌根、假菌根及外围菌根等次要类型。

外生菌根菌以菌丝包围宿主植物的营养根，不侵入根部细胞组织，只在根细胞的间隙延伸生长，形成网状结构，称为哈氏网（Hartig net），并常在根际外表形成菌丝体外套，称为菌套（mantle），又称菌鞘（图 16 − 1），所以导致植物的根常常变短、变粗、变脆，无根冠和表皮，出现各种颜色变化，见不到根毛。外生菌根有一定形状和颜色，并随着宿主植物及菌根菌种类的不同而呈现多样性（图 16 − 2）。大部分乔灌木植物的菌根为外生菌根。

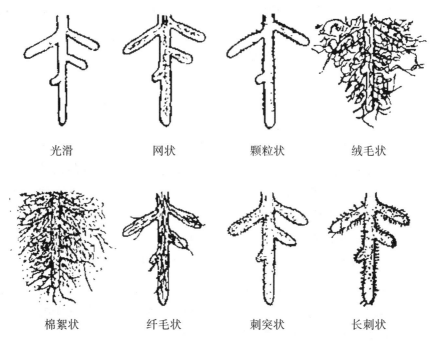

| 光滑 | 网状 | 颗粒状 | 绒毛状 |

| 棉絮状 | 纤毛状 | 刺突状 | 长刺状 |

图 16 -1　外生菌根菌套的表面特征

(引自 Agerer R. , 1988。)

内生菌根菌直接穿透细胞壁侵入宿主植物的根细胞内部，形成不同形状的吸器，在细胞之间不产生哈氏网，根的外部一般无形态及颜色的异常变化，表面不产生菌套，植物根毛仍可保留，肉眼难以发现和区分。大量的维管植物、草本植物和有花植物的菌根为内生菌根。内生菌根又分为无隔膜内生菌根及有隔膜内生菌根两类。其中，无隔膜内生菌根的胞内菌丝体呈泡囊状和丛枝状，称为泡囊丛枝状菌根（Vesicular-Arbuscular mycorrhiza），简称 VA 菌根，存在于 80% 以上的维管植物中，是内生菌根的常见形态，也是宿主范围最广的菌根类型。

自然界的外生菌根菌大部分是担子菌，在根外环境下形成子实体，容易发现和分离培养。但是人工分离的外生菌根菌迄今在实验室培养条件下仍难以形成子实体，其原因显然与植物有密切的关系。

外生菌根菌的分类鉴定主要以成熟子实体为形态判断的标准，纯菌根菌阶段的判别标准尚未完全建立起来。内生菌根菌则可能以菌根真菌的形态结构特征为判别依据和指标，其科属与种类都比外生菌根菌要少得多。现代分子生物技术在菌根菌的分类鉴定中也得到了逐步的推广和应用。

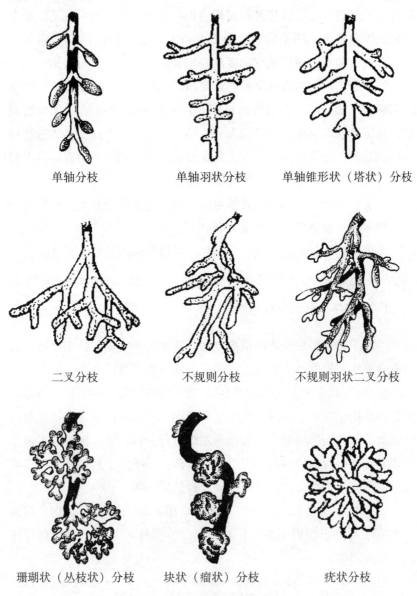

单轴分枝	单轴羽状分枝	单轴锥形状（塔状）分枝
二叉分枝	不规则分枝	不规则羽状二叉分枝
珊瑚状（丛枝状）分枝	块状（瘤状）分枝	疣状分枝

图 16 - 2　外生菌根的形态和分枝类型

（引自 Agerer R. ，1988；Zang Mu. ，1990；Mark B. ，1996。）

（二）外生菌根菌的分离培养

外生菌根菌的分离有几种不同的途经：一是用菌根真菌的子实体进行组织分离；二是收集菌根真菌的担孢子做培养分离；三是取植物菌根做组织分离；四是取植物根部的粗大菌索（菌丝体）做培养分离；五是取菌根土壤用蔗糖梯度离心配合单孢分离法进行分离。

如果分离获得的真菌培养物需要确定菌种，一般要求按照病理学的柯赫氏（Koch's）法则做回接试验，即将分离菌种接种于植物根部，确定可以形成菌根并进而形成相同的子实体；将此子实体进行再分离以确定再分离的菌丝体与之前获得的菌丝体相同，由此即可以确定菌根菌并鉴定其种类。最后做菌种保存。

本实验主要学习真菌子实体组织分离、真菌孢子分离、菌根组织分离和菌根土壤蔗糖浓度梯度分离。

整个实验的分离过程应尽量在超净工作台和酒精灯火焰旁，按无菌操作的要求进行，避免杂菌污染。

1. 真菌子实体的组织分离

进行子实体组织分离的前提是确认所用的子实体与特定植物已经形成明确的菌根关系，否则不能保证由此分离到的菌株是菌根真菌。

（1）取样。一般选择新鲜无损、成熟度中等、无病虫害和污染的菌根真菌子实体。不同的真菌品种分离部位有所区别，一般伞菌类可取菌盖、菌盖菌柄结合处和菌柄组织进行分离；非伞菌类则可取子实体基部和中间部位的产孢组织进行分离。对于不了解的品种可多取几个部位同时进行分离，从而保证分离的成功率。

（2）样品处理和组织分离。先将真菌材料去除表面杂物，用药棉蘸70%乙醇进行表面涂抹消毒，晾干。操作者的双手也应同样用乙醇涂抹消毒。

用刀片切开菌体，切取大小约 0.5 cm×0.5 cm 的内部组织块，用镊子夹取组织块迅速放入试管置于斜面培养基上，盖好试管帽（塞），于25℃条件下培养观察。培养后，如果出现杂菌污染须做菌种的纯化和筛选，可用稀释分离和平板划线分离的方法，获得单个菌落直至获得所需要的纯培养菌种。

2. 真菌的孢子分离

这一分离方法的前提也是必须明确所用的含孢子的子实体与某个特定植物可以形成菌根关系，由此保证分离到的菌株是菌根真菌。

（1）取样和处理。选取新鲜、成熟、无病虫害和污染的菌根真菌子实体，去除表面杂污物，切除菌柄，保留菌盖，用药棉蘸0.1%氯化汞对菌盖进行表面涂抹消毒，晾干。

（2）悬吊法收集真菌孢子。取已消毒的菌盖块，用一已消毒的钩子钩住，使菌盖表面向上、菌褶向下，悬吊于装有灭菌培养基的三角瓶中（图16-3），塞好瓶塞，整个瓶子放入培养箱中于25 ℃条件下培养观察。一般在几小时后菌盖开始弹射孢子，孢子散落在培养基上；24 h后可以取出悬吊的菌块，塞好瓶塞继续进行培养、筛选和纯化。

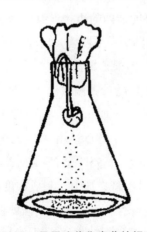

图16-3　悬吊法收集真菌的担孢子

3. 植物菌根的组织分离

（1）采样。挖取松树的最细小具根尖的侧根，观察其外部形态，在根尖看不到根毛，根的前端变成"Y"形钝圆的短棒状或珊瑚状，许多菌丝包在根的外面形成菌套，没有根毛。

（2）清洗及表面灭菌。去除菌根外表泥土，用无菌水冲洗干净，再用70%乙醇溶液浸泡20～30 s，之后用0.1%氯化汞溶液冲洗，最后用无菌水冲洗去除表面氯化汞，用消毒滤纸吸去表面水分。

（3）组织分离。用消毒剪刀或刀片轻轻剖开菌根端部组织，取靠内组织小片，置入琼脂平板表面，每皿可均匀放置若干片，将平板置入培养箱中于25 ℃条件下培养观察。每日观察记录，及时清除淘汰污染的杂菌和废弃的平板。待长出菌落后，在菌落边缘挑取少量菌体接种于试管斜面，继续培养后获得所分离的菌株。

培养物在清除明显的污染杂菌后，有时可能还有多个菌株，这时不宜轻易排除其中的某个种类，应该继续分离和纯化，获得稳定的纯菌株，以留待后续的观察鉴定。

4. 菌根土壤的蔗糖浓度梯度分离

菌根土样一般取自然环境下植物菌根周围的地下深部土壤，分离效果好且较少受外部环境杂菌的干扰。有时地表已经萌生出菌根菌的大型子实体，与植物的菌根关系明确，也可取子实体附近的浅表土壤。

（1）样品处理。取菌根土壤捣碎，用孔径为0.5～0.6 mm的清洁土壤筛筛滤，筛出物加适量无菌水洗2～3次，捣碎、研碎水中沉淀物，用4层纱布或玻璃棉过滤，过滤液即为菌根菌悬液。

（2）制梯度蔗糖柱。将离心管用95%乙醇浸泡灭菌，风干，将灭菌的60%蔗糖溶液3 mL、45%蔗糖溶液3 mL和30%蔗糖溶液3 mL，依次沿管壁徐徐加入离心管中，制成梯度浓度的蔗糖柱。

（3）离心。取2 mL菌根菌悬液加入蔗糖柱的上部，注意勿使各层溶液相混。然后用4 ℃的超速离心机以100 000 g[①]离心10 min。

（4）平板培养。离心完毕，用穿刺虹吸法分别取不同浓度层面的若干个梯度溶液（含真菌孢子）各1 mL，滴加在选择培养琼脂平板上，置于培养箱中在25 ℃条件下培养观察。待菌落长成后继续分

---

① g为相对离心力（relative centrifugal force，RCF）单位，g值取决于转速（r/min）和有效离心半径 r（cm）。

离单个菌落，即可获得纯的菌根真菌培养物。

（5）单孢分离法。如用滤纸进行真空冲洗过滤蔗糖的上清溶液，可将孢子保留在滤纸上，晾干后于 5 ℃ 条件下保存备用。接种时可在解剖显微镜下挑取单孢子，接种于培养基或直接接种于植物根部。

（三）外生菌根菌的染色观察和形态鉴定

1. 样品消化

菌根在外形上看不到根毛，根前端常呈钝圆短粗的棒状，较僵硬，外表面有各种小突起和外鞘，由菌套形成。

将植物根样去泥，放在尼龙筛网中用自来水清洗干净，置入细口小三角瓶中，加入 10% KOH 溶液，浸没根样；然后在通风橱内将三角瓶置于水浴锅中加热消化，于 90 ℃ 条件下保温 1 h 左右，或在 65 ℃ 条件下保温 5～6 h，除去根组织内的细胞质和细胞核。

2. 水洗

倾去 KOH 溶液，将根样取出置于筛网中用自来水小心清洗，至水不呈棕色为止，将根样放入烧杯。

3. 样品脱色

烧杯中加入碱性 H_2O_2 浸泡根样 10～20 min 使其脱色。对于老而粗大、着色较重的根，可以加大碱性 H_2O_2 的量并延长浸泡的时间，至根完全脱色为止。

4. 中和

用水洗去 H_2O_2 后将根样置于 1% HCl 溶液中，中和 3～4 min，倾去 HCl 溶液，用水小心清洗根样去除酸液。

5. 染色

将根样移入三角瓶，加 0.01% 酸性复红乳酸液于通风橱内水浴慢

135

煮，于 90 ℃条件下浴染 20 ～ 60 min，或者在常温下染色后，静置一夜。

6. 脱色

染色完成后取出根样，放在培养皿中加乳酸液再脱色 20 ～ 30 min，此时真菌结构被染颜色不褪，而根组织颜色褪得更淡。

7. 制片、镜检

将染色的根样剪为约 1 cm 长的根段，在载玻片上做成水浸片或 30% 甘油片，盖上盖玻片，用显微镜进行镜检。

镜检中可看到真菌的菌丝体侵入皮层细胞的细胞间隙，但不侵入细胞内部，可以看到网状结构（哈氏网）。由上述观察到的钝圆短棒状的根前端、根菌套和哈氏网，即可鉴定为外生菌根和菌根菌。

四、思考题

1. 绘制外生菌根形态图。
2. 比较外生菌根菌的四种分离方法的特点和适用性。

实验十七　食品中细菌总数的测定及卫生评价

一、实验目的

（1）了解常规细菌的分离、培养和菌落数测定的方法在食品卫生学中的应用。

（2）掌握常用食品中微生物的卫生评价方法与指标。

二、实验器材

（1）器材：恒温培养箱、电炉、药物天平、酒精灯、试管架、无菌角匙、无菌称量纸、无菌试管（内装 9 mL 无菌水）5～8 支、无菌 5 mL 吸管1 支、无菌 1 mL 吸管 8 支、无菌 0.1 mL 吸管 2 支、9 cm 无菌培养皿 8 套、无菌三角瓶（含玻璃珠）1 个。

（2）无菌水（或无菌生理盐水）、葡萄糖蛋白胨营养琼脂培养基、待测食品。

三、实验原理和内容

（一）实验原理

食品中含有各种营养物质，是微生物的良好培养基，因而容易被多种类群的微生物侵染，甚至一些致病菌可能在食品中繁殖。食品中所含细菌总数可以作为判别食品被微生物污染程度的标志，是食品卫生检验的一个指标。同时还可以通过测定食品中细菌总数观察细菌在食品中繁殖的动态，为被检样品进行卫生学评价提供依据。

细菌总数一般是指 1 g 或 1 mL 食品检样经过处理并在一定条件

下培养后，在琼脂培养基上形成的细菌菌落总数。

本常规方法所测得的细菌菌落总数，只包括一群能在细菌基础培养基上生长的嗜中温性需氧细菌的菌落总数。根据食品检验的不同要求，还可以采用特殊方法对检样做其他进一步的检验。

（二）方法步骤

1. 样品制备与检样稀释

以无菌操作取样，称取固体食品检样25 g（液体食品则以无菌吸管吸取25 mL），放入装有225 mL无菌水（或无菌生理盐水）和玻璃珠的三角瓶中，充分振荡，制成1∶10的均匀稀释液。取此稀释液1 mL加入装有9 mL无菌水的试管中混匀，得到稀释度为1∶100的稀释液，以此类推即得稀释倍数呈10倍递增的稀释液。根据检样卫生或污染程度，选择2～3个合适的稀释度做进一步的培养检查。

2. 培养

吸取每个稀释度液体1 mL，加入无菌培养皿，每个稀释度做两个平皿，将熔化并冷却至50 ℃左右的无菌营养琼脂培养基约15 mL倾注于平皿内，轻轻平旋培养皿使检样与培养基充分混匀，平置；同时另取一个无菌培养皿，只向里倾注培养基而不加检样，作空白对照。待培养基凝固后翻转平板，使底面向上，置于37 ℃培养箱，培养24 h后取出观察结果。

3. 菌落计数

肉眼观察每个平板内的细菌菌落计数，对菌落逐个点数。可用钢笔在平板背面点计，以免重复，但也不要遗漏微小的菌落。计数平板必须是长成单个独立菌落的平板，即必须是独立的单个菌落才能作为有效计数菌落。若某个平板出现大范围连接成片的菌落时，则不宜采用；若片状菌落不到平板的一半而其余一半的菌落分布又很均匀，则可以计算这均匀的一半后乘以2代表整个平板的菌落数。在得到各个平板的菌落数后，进一步算出同一稀释度下平板的平均菌落数。

4. 数据的取舍和计数报告

（1）平板的取舍。同一稀释度的两个或三个平板，应取菌落数为 30～300 的平板作为菌落总菌数的测定标准，其他平板不计。

（2）稀释度的选择标准。①选择平均菌落数在 30～300 的稀释度，报告此稀释度的平均菌落数乘以稀释倍数，见表 17-1 中示例 1。②若有两个稀释度的菌落数均为 30～300，则根据二者之比来决定。若比值小于 2，应报告其平均数；若大于 2，则报告其中较小的数字，见表 17-1 中的示例 2 和示例 3。③若所有稀释度的平均菌落数均大于 300，则应按稀释度最高的平均菌落数乘以稀释倍数报告，见表 17-1 中示例 4。④若所有稀释度的平均菌落数均小于 30，则应按稀释度最低的平均菌落数乘以稀释倍数报告，见表 17-1 中示例 5。⑤若所有稀释度的平均菌落数均不在 30～300 之间，其中一部分大于 300、一部分小于 30 时，则以最接近 30 或 300 的平均菌落数乘以稀释倍数报告，见表 17-1 中示例 6。

（3）菌落数报告。菌落数在 100 以内时，按实有数报告；大于 100 时，采用两位有效数字，在两位有效数字后面的数值则以四舍五入的方法处理，为缩短数字后面的零数，也可用 100 指数来表示，见表 17-1 中报告方式栏。

表 17-1　稀释度选择及细菌总数报告方式

示例	不同稀释度的菌落数（个）			两个稀释倍数之比	细菌总数（CFU/g 或 CFU/mL）	报告方式（CFU/g 或 CFU/mL）
	10^{-1}	10^{-2}	10^{-3}			
1	1750	184	26	—	18400	18000 或 1.8×10^4
2	2760	295	46	1.6	37750	38000 或 3.8×10^4
3	2900	268	66	2.5	26800	27000 或 2.7×10^4
4	不可计	4230	375	—	375000	380000 或 3.8×10^5
5	22	18	3	—	220	220 或 2.2×10^2

续表 17 - 1

示例	不同稀释度的菌落数（个）			两个稀释倍数之比	细菌总数（CFU/g 或 CFU/mL）	报告方式（CFU/g 或 CFU/mL）
	10^{-1}	10^{-2}	10^{-3}			
6	不可计	311	10	—	31100	31000 或 3.1×10^4

四、结果报告

根据检验结果填写细菌总数测定结果报告（表 17 - 2），并参照国家有关的食品卫生标准判断该食品的细菌总数项目是否合格。

表 17 - 2　细菌总数测定结果报告及卫生评价

	不同稀释度的菌落数（个）			细菌总数（CFU/g 或 CFU/mL）
	10^{-1}	10^{-2}	10^{-3}	
第一皿				
第二皿				
均数				
合格评价（参照标准号）				

五、思考题

讨论实验结果的影响因素及结果的可靠性。

附：部分食品细菌总数允许值（CFU/mL 或 CFU/g，供参考）

瓶装汽水的细菌总数≤100 CFU/mL（包括碳酸饮料）

果汁水、蔬汁水、果味水的细菌总数≤100 CFU/mL

瓶（桶）装饮用水、天然矿泉水的细菌总数≤50 CFU/mL，饮用水的细菌总数≤100 CFU/mL

仅含淀粉或果类的冷冻食（饮）品的细菌总数≤3000 CFU/g

散装兑制果味或果汁类饮料的细菌总数≤3000 CFU/g

冷冻饮品：含豆类的细菌总数≤20000 CFU/g、含乳蛋白10%以下的细菌总数≤10000 CFU/g、含乳蛋白10%以上的细菌总数≤25000 CFU/g、低温复原果汁的细菌总数≤500 CFU/mL、果冻的细菌总数≤100 CFU/mL

熟啤酒、黄酒、葡萄酒的细菌总数≤50 CFU/mL

淡炼乳的细菌总数≤5 CFU/mL（g）

酸牛乳的细菌总数≤1×10^7 CFU/g，不得检出大肠菌群

糕点：出厂糕点的细菌总数≤750 CFU/g、销售的糕点的细菌总数≤1000 CFU/g

蜜饯食品的细菌总数≤1000 CFU/g、膨化食品的细菌总数≤10000 CFU/g

非夹心饼干的细菌总数≤750 CFU/g、夹心饼干的细菌总数≤2000 CFU/g

奶油：特级的细菌总数≤20000 CFU/g、一级的细菌总数≤30000 CFU/g、二级的细菌总数≤50000 CFU/g

酱油的细菌总数≤30000 CFU/mL、食醋的细菌总数≤10000 CFU/mL

果香型固体饮料的细菌总数≤1000 CFU/g

灭菌乳的细菌总数≤10C FU/g，巴氏杀菌乳的细菌总数≤30000 CFU/mL，全脂乳粉、脱脂乳粉的细菌总数≤30000 CFU/mL（g）

含乳饮料的细菌总数≤10000 CFU/mL

附录一　真细菌目检索表

一、真细菌目分科检索表

Ⅰ．细胞杆状（大型酵母状的细胞少见）。革兰氏染色阴性。

（一）好氧或兼性厌氧的微生物

1. 细胞形状大，长卵形到杆状，有时象酵母。自由生活在土壤，并能固氮……科1，固氮菌科（*Azotobacteriaceae*）。

2. 与上不同

（1）异养营养的杆菌，不需要有机氮也能生长，常能以1～6根鞭毛进行运动，在植物根部能生根瘤或呈现紫色素。菌落比较大而有黏性，特别在甘露醇琼脂培养基上更为明显。……科2，根瘤菌科（*Rhizobiaceae*）。

（2）与上不同

①直杆状，在普通蛋白胨培养基上能迅速生长，在厌氧条件下能发酵糖产生有机酸与否。

1）葡萄糖常被氧化或根本不能被利用，仅少数的种能在厌氧条件下发酵葡萄糖，在石蕊牛乳中产生少量的酸或否。能还原硝酸盐或否，少数具黄色素，若干种能分解琼脂，另一些能分解几丁质，最初发现于食物或土壤，淡水或海水中，是腐生微生物……科3，无色杆菌科（*Achromobacteriaceae*）。

2）在厌氧条件下发酵葡萄糖，并常由葡萄糖、有时也由乳糖产生可见的气体（H_2 及 CO_2）。还原硝酸盐（很少例外）。常易在人或脊椎动物的消化道、呼吸道及尿道中找到。另一些为自由生活。还有一部分为植物病原菌……科4，肠道杆菌科（*Enterobacteriaceae*）。

②一般形态较小，能运动或不能运动的杆菌，寄生于动物且要求体液方可满足其生长。许多种不能在普通培养基上生长，大部分不能

142

在厌氧条件下发酵葡萄糖……科 5，布鲁氏杆菌科（*Brucellaceae*）。

（二）厌氧菌到微嗜氧，杆状，有时有分枝……科 6，拟杆菌科（类杆菌科，*Bacteroidaceae*）。

Ⅱ．细胞球状到杆状，一般为革兰氏染色阳性，但有时球菌和一些生芽孢的厌氧性杆菌已失去革兰氏染色的特性。

（一）细胞不生芽孢

1．细胞球状，成堆、四联或八叠式排列。

（1）球形，革兰氏染色阳性，好氧或厌氧……科 7，小球菌科（微球菌科，*Micrococcaceae*）。

（2）细胞球形，革兰氏染色阴性，好氧或厌氧，常成对排列……科 8，奈氏球菌科（*Neisseriaceae*）。

2．细胞或链球状，或为杆状，革兰氏染色阳性，但在老培养物中，细胞常失去革兰氏染色的特性。

（1）细胞杆状，无多形态现象或分枝的情况。在厌氧条件下很少或从不发酵葡萄糖……科 9，短杆菌科（*Brevibacteriaceae*）。

（2）与上不同

①细胞为革兰氏染色阳性的球菌或杆菌，经常成簇，细胞发酵糖后产生乳酸、乙酸、丙酸或丁酸等。微好氧到厌氧。

1）纯乳酸发酵或异型乳酸发酵的球菌或杆菌，不还原硝酸盐……科 10，乳杆菌科（*Lactobacillaceae*）。

2）杆菌，发酵时明显产生丙酸、丁酸或乙酸，均生 CO_2……科 11，丙酸杆菌科（*Propionibacteriaceae*）。

②细胞通常为杆状，但楔形或棒状亦很普遍。由于细胞分裂时成折断状，因而细胞排列时呈一定角度或成水槽状。老细胞常为革兰氏染色阴性，在厌氧条件下发酵糖不活跃。还原硝酸盐或否……科 12，棒状杆菌科（*Corynebacteriaceae*）。

（二）产生芽孢的杆状细胞

好氧或厌氧，若干厌氧的种易丧失革兰氏染色的特性……科 13，芽孢杆菌科（*Bacillaceae*）。

二、肠杆菌科检索表

Ⅰ. 通常在厌氧条件下 48 小时内进行乳糖发酵，但有一属（副大肠杆菌属），其发酵作用可能延迟到 30 天。

（一）不产生灵菌素

1. 不产生原果胶酶，不能寄生于植物……族 1，埃希氏杆菌族（*Escherichieae*）。

2. 可能产生原果胶酶，寄生于植物，已常引起植物软腐或枯萎等病症……族 2，欧氏植病杆菌族（欧文氏菌族，*Erwinieae*）。

（二）产生灵菌素……族 3，塞氏杆菌族（沙雷氏菌族，*Serrateae*）

Ⅱ. 很少在厌氧条件下发酵乳糖

（一）在 48 小时内分解尿素（*Protus inconstans* 除外）……族 4，变形杆菌族（*Proteeae*）。

（二）在 48 小时之内不分解尿素……族 5，沙门氏杆菌族（*Salmonelleae*）。

三、小球菌科检索表

Ⅰ. 好氧或兼性厌氧的种，也包括若干专性厌氧的种，后者呈包囊状（八叠球菌）。

（一）细胞一般呈不规则的块团，偶然是单个或成对排列

1. 若对葡萄糖有作用则是氧化方式，好氧性……属 1，小球菌属（微球菌属，细球菌属，*Micrococcus*）。

2. 在厌氧条件下发酵葡萄糖产酸，兼性厌氧……属 2，葡萄球菌属（*Staphylococcus*）。

（二）正常细胞为四联或八叠式排列

1. 寄生的种，呈四联式排列。白色至灰黄色素，不能运动……属 3，高夫克氏菌属（加夫基氏菌属，*Gaffkya*）。

2. 细胞呈包裹状排列，白色，黄色，橙色至红色色素，通常不

能运动……属4，八叠球菌属（*Sarcina*）。

Ⅱ. 专性厌氧性微生物，单个，成对，成链或成块团状排列，但从不形成包裹状，四联的形式也少见。

（一）由各种有机化合物产生甲烷……属5，产甲烷球菌属（甲烷球菌属，*Methanococcus*）。

（二）不产生甲烷……属6，消化球菌属（*Peptococcus*）。

四、芽孢杆菌科检索表

Ⅰ. 好氧或兼性厌氧性；过氧化氢酶阳性……属1，芽孢杆菌属（*Bacillus*）。

Ⅱ. 厌氧或耐氧性，一般不产生过氧化氢酶……属2，梭状芽孢杆菌属（梭菌属，*Clostridium*）。

五、埃希氏杆菌族检索表

§1. 不分解藻朊酸产气和产酸

Ⅰ. 在48小时之内发酵乳糖

（一）不产生乙酰甲基甲醇，甲基红试验为阳性，可以柠檬酸盐为唯一碳源或否……属1，埃希氏杆菌属（*Escherichia*）。

（二）产生乙酰甲基甲醇，甲基红试验为阴性，利用柠檬酸盐作唯一碳源。

1. 通常不生荚膜，来源于粪便、牛乳、乳制品、谷物及其他腐生场所……属2，气杆菌属（*Aerobacter*）。

2. 有荚膜，来源于呼吸道、肠道及泌尿生殖道……属3，克雷伯氏菌属（*Klebsiella*）。

Ⅱ. 乳糖发酵经常延迟，并且偶有不发酵乳糖者……属4，副大肠杆菌属（*Paracolobactrum*）。

§2. 能分解藻朊酸并产生气和酸……属5，解藻酸杆菌属（藻酸杆菌属，*Alginobacter*）。

六、埃希氏杆菌属分种检索表

Ⅰ. 不能利用柠檬酸盐作为唯一碳源，不产生 H_2S

（一）通常无色素，但有时也产生黄色素……种 1，大肠埃希氏杆菌（大肠杆菌，*Escherichia coli*）。

（二）产生棕黄色至红色色素……种 2，金黄色埃希氏杆菌（*Escherichia aurescens*）。

Ⅱ. 以柠檬酸盐作唯一碳源

（一）产生 H_2S……种 3，费氏埃希氏杆菌（*Escherichia freundii*）。

（二）不产生 H_2S……种 4，中间埃希氏杆菌（*Escherichia intermedium*，中间柠檬酸杆菌、费氏柠檬酸杆菌，*Citrobacter freundii*）。

七、气杆菌属分种检索表

Ⅰ. 能发酵甘油产酸产气。不液化明胶（偶尔液化）……种 1，产气杆菌（*Aerobacter aerogenes*）。

Ⅱ. 发酵甘油不产气。液化明胶……种 2，阴沟气杆菌（*Aerobacter cloacae*）。

附录二　常用培养基的配制

一、肉膏蛋白胨琼脂培养基

肉膏蛋白胨琼脂培养基又称肉汤培养基，适用于培养多数细菌。

牛肉膏	0.5 g
蛋白胨	1.0 g
氯化钠（NaCl）	0.5 g
琼脂	1.5～2.0 g
水	100 mL
pH	7.0～7.2

做检查污染细菌实验时，常加入 0.2% 酵母膏，牛肉膏和蛋白胨分别减少为 0.4% 和 0.6%，这样的成分可适应更多种类细菌的生长。

二、肉汁培养基

肉汁培养基适用于多数细菌菌种保存。

新鲜牛肉去筋腱、脂肪，用绞肉机绞碎，每千克牛肉加水 2500 mL，冷浸一夜，煮沸 2 h，放凉后用纱布过滤，调节 pH 至中性，再煮沸 15 min 后静置过夜，使其沉淀。之后，取其上部澄清液稀释至原来的毫升数，装瓶加棉塞，在 0.1 MPa 条件下，灭菌 30 min 备用。

三、半固体肉膏蛋白胨培养基

半固体肉膏蛋白胨培养基适用于多数细菌的穿刺培养保存。

成分同一、二，在液体中加 0.6% 琼脂。

四、高氏一号培养基

高氏一号培养基又称淀粉培养基，适用于培养多数放线菌，孢子生长良好，宜作保存菌种用。

可溶性淀粉	2%
磷酸氢二钾（K_2HPO_4）	0.05%
七水硫酸镁（$MgSO_4 \cdot 7H_2O$）	0.05%
硝酸钾（KNO_3）	0.1%
氯化钠（NaCl）	0.05%
七水硫酸亚铁（$FeSO_4 \cdot 7H_2O$）	0.001%
琼脂	1.5%～2.0%
pH	7.2～7.4

五、高氏二号培养基

高氏二号培养基适用于培养多数放线菌，菌丝生长良好。

蛋白胨	0.5%
氯化钠（NaCl）	0.5%
葡萄糖	1%
琼脂	1.5%
pH	7.2～7.4

六、蔡氏培养基

蔡氏培养基又称查氏培养基、Czapek's 培养基，适用于培养多数霉菌。

硝酸钠（$NaNO_3$）	0.3%
磷酸氢二钾（K_2HPO_4）	0.1%
七水硫酸镁（$MgSO_4 \cdot 7H_2O$）	0.05%

148

氯化钾（KCl)	0.05%
七水硫酸亚铁（$FeSO_4 \cdot 7H_2O$)	0.001%
蔗糖	3%
琼脂	1.5%～2.0%
pH	6.7

加麸皮5%所配成的半合成培养基有利于生长孢子，也可以用磷酸二氢钾代替磷酸氢二钾，得到pH为5.6的蔡氏培养基。

七、麦芽汁培养基

麦芽汁培养基适用于培养酵母菌和多数霉菌。

1. 麦芽的制备

取新鲜大麦洗干净后用水浸泡5～6 h，使麦粒饱胀，然后放于竹筛上，平铺厚度为3～4 cm，上面盖一湿布，温度控制在20～30 ℃，每隔5～6 h 洒水一次，2～3 天后大麦萌芽，长出1～2 cm 胚根；这时将麦芽转放至另一竹筛，平铺1～2 cm 厚，同样继续保湿洒水，约5～7 天后胚芽长到3～4 cm，即可用。若要保存，则要晒干备用。

2. 麦芽汁的制备

将上述麦芽加水研烂（1 份麦芽加4 份水），于55～60 ℃水浴锅中糖化3～4 h 后煮沸，用碘液检验至不呈蓝色为止，说明淀粉已糖化完毕，然后加热煮沸15 min，装入布袋过滤，滤液稀释到5～6波美度，即成麦芽汁培养基。

八、大豆汁琼脂培养基

大豆汁琼脂培养基适用于培养酵母菌及霉菌。
（1）取黄豆5 kg，洗净，浸泡过夜，然后加水至15 kg，煮沸

4 h，不断搅拌，倒出豆汁约 10 kg，加入废糖蜜 2.5 kg，再加 2% 琼脂溶解即成。

（2）将黄豆浸泡一夜，放在筐内，盖上湿布，在 20 ℃左右的条件下培养待其发芽，每天冲洗 1～2 次，弃去腐烂及不能发芽的黄豆，至芽长 3～4 cm 即可。在 100 mL 自来水中加 10 g 黄豆芽煮沸 0.5 h，用纱布过滤，加 5% 蔗糖、再加 1.5%～2% 琼脂，自然 pH 值。

九、马铃薯培养基

马铃薯培养基又称 PDA 培养基，适用于培养多数霉菌。

马铃薯	20%
葡萄糖（或蔗糖）	2%
琼脂	1.5%～2.0%
pH	自然

将马铃薯去皮，切成小块，加水煮半小时左右，或 80 ℃水中浸泡 1 h，取上部清液，或用纱布过滤，加水到原来体积，加葡萄糖与琼脂。

十、马丁氏（Martin）培养基

马丁氏培养基适用于真菌分离。

葡萄糖	10.0 g
磷酸二氢钾（KH_2PO_4）	1.0 g
七水硫酸镁（$MgSO_4 \cdot 7H_2O$）	0.5 g
蛋白胨	5.0 g
琼脂	18 g
水	1000 mL
pH	自然

1000 mL 培养基中加 1% 孟加拉红水溶液 3.3 mL，使用时以无菌

操作于每 100 mL 培养基中加入 1% 链霉素溶液 0.3 mL，使链霉素最终浓度为 30 μg/mL。

十一、马铃薯斜面

马铃薯斜面适用于培养多数霉菌、酵母菌。

将马铃薯洗净去皮，切成斜面状，浸在水中约 12 h；然后将马铃薯放入试管，加水浸没马铃薯斜面，加塞灭菌，用前将水倒去。

十二、葡萄糖牛肉膏蛋白胨琼脂培养基

葡萄糖	1.0 g
牛肉膏	0.3 g
蛋白胨	0.5 g
氯化钠（NaCl）	0.5 g
琼脂	1.5 g
水	100 mL
pH	7.0～7.2
灭菌	0.05 MPa，30 min

十三、糖发酵液体培养基

糖发酵液体培养基用来测试细菌对糖（醇）的利用情况。

蛋白胨	10 g
氯化钠	5 g
甘油（或其他需测试的糖、醇）	10 g
蒸馏水	1000 mL
pH	7.4

配制时，将蛋白胨加热溶于水中，然后调好 pH，再加入 1.6% 溴甲酚紫溶液至溶液呈紫色为止（100 mL 培养基约需要加 1.6% 溴

甲酚紫 0.1 mL），充分混匀后，取所需量加入所需测试的一种糖，使其最终浓度为 1%；装管，每管 4～5 mL，每管各倒放一小发酵管（Durham 小管），加塞后在 0.05 MPa 条件下灭菌 30 min。

十四、硝酸盐还原试验培养基

蛋白胨	10 g
硝酸钠（$NaNO_3$）或硝酸钾（KNO_3）	1 g
蒸馏水	1000 mL
pH	7.6
灭菌	0.1 MPa，20 min

配制时，$NaNO_3$（或 KNO_3）应当用分析纯的试剂，装培养基的器皿也需要保持洁净。

十五、V. P – M. R 试验培养基

V. P – M. R 试验培养基又称葡萄糖蛋白胨水培养基。

蛋白胨	0.5 g
葡萄糖	0.5 g
磷酸氢二钾（K_2HPO_4）	0.5 g
蒸馏水	100 mL
pH	自然
灭菌	0.05 MPa，30 min

十六、柠檬酸盐试验培养基

氯化钠（NaCl）	5 g
七水硫酸镁（$MgSO_4 \cdot 7H_2O$）	0.2 g
磷酸二氢铵（$NH_4H_2PO_4$）	1 g
磷酸氢二钾（$K_2HPO_4 \cdot 3H_2O$）	1 g

柠檬酸钠	2 g
1%溴麝香草酚蓝（酒精液）	2 mL
水洗琼脂	20 g
蒸馏水	998 mL
pH	6.8
灭菌	0.1 MPa，20 min

除指示剂外，将以上成分先加热溶解，调整 pH，然后加入溴麝香草酚蓝（又名溴百里香酚蓝）指示剂，分装试管，培养基量以1/5～1/4 管高为宜；灭菌后趁热摆成高低柱斜面。制成的培养基为淡绿色。

十七、蛋白胨水培养基

蛋白胨水培养基适用于吲哚试验。

蛋白胨	10 g
氯化钠（NaCl）	5 g
蒸馏水	1000 mL
pH	7.6
灭菌	0.1 MPa，20 min

配方中宜选用色氨酸含量高的蛋白胨（一般用胰蛋白酶水解酪素而得到的蛋白胨，色氨酸含量较高），否则可能影响产吲哚的阳性率。

十八、柠檬酸铁铵培养基

柠檬酸铁铵培养基适用于硫化氢产生试验。

蛋白胨	20 g
氯化钠（NaCl）	5 g
柠檬酸铁铵	0.5 g
硫代硫酸钠	0.5 g

琼脂	15 g
蒸馏水	1000 mL
pH	7.2
灭菌	0.1 MPa, 20 min

试管分装，高度为 4～5 cm，灭菌后立即冷却凝固，制成固体深层培养基。

十九、无氮培养基

葡萄糖	10 g
七水硫酸镁（$MgSO_4 \cdot 7H_2O$）	0.2 g
磷酸二氢钾（KH_2PO_4）	0.5 g
氯化钠（NaCl）	0.2 g
二水硫酸钙（$CaSO_4 \cdot 2H_2O$）	0.1 g
碳酸钙（$CaCO_3$）	5 g
水洗琼脂	20 g
蒸馏水	1000 mL
pH	7.4
灭菌	0.05 MPa, 30 min

分装试管，灭菌后摆成斜面。

二十、明胶培养基

明胶培养基适用于明胶水解试验。

牛肉膏	15 g
蛋白胨	10 g
氯化钠（NaCl）	5 g
明胶	120 g
蒸馏水	1000 mL
pH	7.2～7.4

| 灭菌 | 0.05 MPa，30 min |

配制时，在烧杯中先将水加热，接近沸腾时再加入其他药品和明胶，并且不断搅拌，以防明胶粘底（注意：烧杯易破裂）。也可用隔水加热的方法。待熔化之后停止加热，调 pH，分装试管，装量以高度 4～5 cm 为适宜，灭菌后直立放置。

二十一、果胶酶试验培养基（果胶酶试验）

酵母膏	5 g
$CaCl_2 \cdot 2H_2O$	0.5 g
聚果胶酸钠	10 g
琼脂	8 g
蒸馏水	1000 mL
1mol/L NaOH 溶液	9 mL
0.2% 溴麝香草酚蓝（溴百里香酚蓝）	12.5 mL

配制时，将聚果胶酸钠在沸水中充分搅拌溶解，并与其他成分充分混合后分装在三角瓶中，并在 0.1 MPa 压强下灭菌 5 min。使用前，加热三角瓶，再将溶液倒入平板。

二十二、葡萄糖乳糖发酵深层培养基

蛋白胨	0.2 g
氯化钠（NaCl）	0.5 g
磷酸氢二钾（K_2HPO_4）	0.03 g
葡萄糖（或乳糖）	1 g
溴麝香草酚蓝 1% 酒精液	0.3 mL
琼脂	0.75 g
蒸馏水	100 mL
pH	7.0（或调至培养基为草绿色为止）
灭菌	0.05 MPa，30 min

配制过程中，须待其他所有成分完全溶解并调节 pH 后，再加入溴麝香草酚蓝指示剂混匀，趁热分装试管，装量以管高 1/3 为宜，灭菌后直立放置。

二十三、苯丙氨酸脱氨试验培养基

酵母膏	3 g
DL - 苯丙氨酸（或 L - 苯丙氨酸）	10 g（1 g）
氯化钠（NaCl）	5 g
磷酸氢二钠（Na₂HPO₄）	1 g
琼脂	15 g
蒸馏水	1000 mL
pH	7.0
灭菌	0.05 MPa，20 min

分装试管，灭菌后趁热摆成斜面。

二十四、牛奶琼脂培养基

牛奶琼脂培养基适用于酪蛋白水解试验。

（1）将 50 mL 脱脂牛奶（5 g 脱脂奶粉）加入 50 mL 蒸馏水中。

（2）将 1.5 g 琼脂溶于 50 mL 蒸馏水中。

将上述两步制成的溶液分开灭菌（0.05 MPa，20 min），待冷却至 45～50 ℃时再将两液迅速混匀倒平板。切勿将牛奶和琼脂先混合再灭菌，防止牛奶在灭菌过程中凝固。

二十五、酪氨酸牛肉膏蛋白胨培养基

酪氨酸牛肉膏蛋白胨培养基适用于酪氨酸水解试验。

向牛肉膏蛋白胨琼脂培养基中加 0.1% 酪氨酸，调 pH 至 7.0，分装试管；在 0.05 MPa 条件下灭菌 20 min，将试管摆成斜面。

二十六、淀粉牛肉膏蛋白胨培养基

淀粉牛肉膏蛋白胨培养基适用于淀粉水解试验。

向牛肉膏蛋白胨琼脂培养基加 0.2% 可溶性淀粉，在 0.1 MPa 条件下灭菌 20 min。

附录三　常用药品试剂的配制

名称	成分及制备	备注
洗涤液	重铬酸钾 15 g、浓硫酸 200 mL，加热溶解	洗涤玻璃器皿用
生理盐水	氯化钠 0.85 g、自来水 100 mL	
乳酸苯酚溶液	苯酚 20 g、乳酸 20 g、甘油 40 g、蒸馏水 20 mL，先把苯酚加热溶解后，倒入水中，然后慢慢加入乳酸及甘油	观察霉菌形态
5% 石炭酸	苯酚 5 g、95 mL 水	消毒液
2% 煤酚皂（来苏尔）液	50% 来苏尔 40 mL、960 mL 自来水	消毒液
苯扎溴铵溶液（新洁尔灭）	5% 新洁尔灭原液，加水稀释成 0.25%	消毒液
2% 碘酒	取碘片 2 g、碘化钾 8 g、95% 乙醇 50 mL，溶解后，加水至 100 mL 即成	消毒剂
0.1% 氯化汞（升汞）	取 0.1 g $HgCl_2$ 溶于 100 mL 水中	消毒剂
甲醛蒸气消毒	高锰酸钾 5 g、水 2 mL、甲醛 10 mL，用乙醇灯加热，蒸发产生蒸气，密封 20 h，每星期一次	用于无菌箱的消毒
	每立方米空间用 10 mL 甲醛加温，或加高锰酸钾（甲醛量的 1/10），不需加热	用于无菌室或培养曲房的消毒
硫磺熏蒸	每立方米用 18～20 g 硫磺；屋内先清洗干净，然后于炭炉上烧熏硫磺	用于曲房的消毒
（1）1% 苯酚复红液	称取 1 g 碱性复红溶入 20 mL 95% 乙醇中，并取苯酚 5 g，溶入 80 mL 水中，混合两液	鉴别死活细胞的染色液

续表

名称	成分及制备	备注
(2) 0.03% 美蓝液	称取 0.09 g 美蓝溶入 11.5 mL 95% 乙醇中，加水至 300 mL； 取（1）液 0.5 mL +（2）液 35 mL 混合即成苯酚复红美蓝染液	鉴别死活细胞的染色液
草酸铵结晶紫液	A 液：取 2 g 结晶紫溶于 20 mL 的 95% 乙醇中； B 液：0.8% 草酸铵水溶液 80 mL； 将 B 液加入 A 液混和即得	革兰氏（Gram）染色 I 液
1% 鲁氏（Lugol）碘液	将碘化钾 2 g 溶于少量水中，再称碘片 1 g，加入碘化钾溶液，待溶解后加水至 300 mL 即成	革兰氏染色 II 液
2.5% 沙黄（番红）液	沙黄 2.5 g 溶于 10 mL 乙醇中，待完全溶解后加水至 100 mL	革兰氏染色 III 液
苯酚复红染色液（Ziehl 氏染液）	溶液 A：将 0.3 g 碱性复红溶于 95% 乙醇 10 mL； 溶液 B：将苯酚 5.0 g 溶于 95 mL 水； 将碱性复红在研钵中研磨后，逐渐加入 95% 乙醇继续研磨使之溶解，配成溶液 A，将苯酚溶解于水中，配成溶液 B，混合溶液 A 与溶液 B 即成，通常可将此混合液稀释至 5～10 倍使用，因稀释液易变质失效，一次不宜多配	用于普通染色
美蓝染色液（Loeffler 氏碱性美蓝）	溶液 A：美蓝 0.3 g，95% 乙醇 30 mL； 溶液 B：KOH 0.01 g，蒸馏水 100 mL； 将溶液 A 与溶液 B 混合即成	鉴别死活细胞的染色液
荚膜染色液	结晶紫 0.1 g、冰醋酸 0.25 mL、蒸馏水 100 mL、脱色剂（20% $CuSO_4$）	用于荚膜染色

续表

名称	成分及制备	备注
鞭毛染色液	甲液：单宁酸 5 g、FeCl$_3$ 1.5 g、蒸馏水 100 mL、15% 福尔马林 2 mL、NaOH 1 mL，配好后，当日使用，次日效果差，第三天则不宜使用； 乙液：AgNO$_3$ 2 g、蒸馏水 100 mL，待 AgNO$_3$ 溶解后，取出 10 mL 备用，向其余的 90 mL AgNO$_3$ 中滴入浓 NH$_4$OH，直到新形成的沉淀又重新刚刚溶解为止，再将备用的 10 mL AgNO$_3$ 慢慢滴入，则出现薄雾状沉淀，但轻轻摇动后，薄雾状沉淀又消失，再滴入 AgNO$_3$，直到摇动后仍呈现轻微而稳定的薄雾状沉淀为止。如所现的呈雾不重，此染色剂可使用一周；如雾重，则银盐已沉淀开，不宜使用	用于鞭毛染色
5% 孔雀绿染色液	孔雀绿 5 g、蒸馏水 100 mL	用于芽孢染色
1% 刚果红染液	刚果红 1.0 g、蒸馏水 100 mL	刚果红染色法观察细菌类群
1.6% 溴甲酚紫	称取溴甲酚紫 1.6 g 溶于 50 mL 95% 乙醇中，然后再加入蒸馏水 50 mL，过滤即得	糖发酵指示剂
亚硝酸盐试剂	溶液 A：取对氨基苯磺酸 0.5 g 溶于 120 mL 蒸馏水内，加冰醋酸 30 mL，可略加热，溶解后保存于暗色瓶中； 溶液 B：称取 α－萘胺 0.5 g，溶于 120 mL 沸蒸馏水中，有沉淀时倒去沉渣，加乙酸 30 mL，在棕色瓶中保存	用于硝酸盐还原试验
乙酰甲基甲醇试剂（V.P 试剂）	5% α－萘酚无水乙醇溶液，此溶液易于氧化，只能随用随配； 40% KOH 溶液	用于 V.P 试验

续表

名称	成分及制备	备注
甲基红试剂（M. R 试剂）	称取甲基红 0.04 g，溶于 95% 乙醇 60 mL 中，再加蒸馏水 40 mL 即成，其变色范围的 pH 为 4.2～6.3	用于 M. R 试验
吲哚试剂（靛基质、Ehrlich 试剂）	取对二甲基氨基苯甲醛 5 g，混入 75 mL 异戊醇或乙醇内，于 50～80 ℃ 水浴内加热，摇动，使之溶解，冷却后一滴一滴徐徐加入浓盐酸 25 mL，边加边摇动，不得加得太快，以免发生骤热	用于吲哚试验
0.1% 美蓝染液	将 0.10 g 美蓝溶入 10 mL 95% 乙醇中，溶解后加蒸馏水至 100 mL	细菌鉴定中对幼龄细胞浅染色，观察原生质中有无不着色的聚 β-羟基丁酸颗粒
碱性 H_2O_2	将 NH_4OH 3 mL、10% H_2O_2 30 mL 和 567 mL 水混合，用时配制	用于根样脱色
0.01% 酸性复红乳酸液	乳酸 874 mL、甘油 63 mL 和水 63 mL 混合，加酸性复红 0.1g	用于菌根染色

附录四　实验菌种名称

一、细菌及放线菌

1. 金黄色葡萄球菌（*Staphylococcus aureus*）

2. 白色葡萄球菌（*Staphylococcus albus*）

3. 肺炎双球菌（*Diplococcus pneumoniae*）

4. 卡他双球菌（*Diplococcus catarrhalis*，黏膜炎双球菌）

5. 链球菌（*Streptococcus* sp.）

6. 四联球菌（*Micrococcus tetragenus*）

7. 藤黄八叠球菌（*Sarcina lutea*）

8. 枯草芽孢杆菌（*Bacillus subtilis*）

9. 苏云金芽孢杆菌（*Bacillus thuringiensis*）

10. 胶质芽孢杆菌（*Bacillus mucilaginosus*，钾细菌）

11. 霍乱弧菌（*Vibrio cholerae*）

12. 齿垢螺旋体（*Spirochaeta denticola*）

13. 梅毒螺旋体（*Treponema pallidum*）

14. 圆褐固氮菌（*Azotobacter chroococcum*，褐球固氮菌）

15. 普通变形杆菌（*Proteus vulgaris*）

16. 大肠杆菌（*Escherichia coli*）

17. 产气杆菌（*Aerobacter aerogenes*，*Enterobacter aerogenes*，产气肠杆菌）

18. 丙酮丁醇梭状芽孢杆菌（*Clostridium acetobutylicum*）

19. 沙门氏菌（*Salmonella* sp.）

20. 鼠伤寒沙门氏菌（*Salmonella typhimurium*）

21. 猪霍乱沙门氏菌（*Salmonella choleraesuis*）

22. 伤寒沙门氏菌（*Salmonella typhi*）

162

23. 5406 放线菌（*Streptomyces microflavus*，细黄链霉菌；*Actinomyces microflavus*，细黄放线菌）

24. 白色链霉菌（*Streptomyces albus*，*Actinomyces albus*，白色放线菌）

25. 井冈霉素放线菌（*Streptomyces hygroscopicus* var. *jinggangensis*，吸水链霉菌井冈变种）

二、病毒与立克次氏体

1. 斜纹夜蛾多角体病毒（NPV of *Prodenia lifura*）
2. 恙虫热立克次氏体（*Rickettsia orientalis*，东方立克次氏体）

三、酵母菌

1. 啤酒酵母（*Saccharomyces cerevisiae*，酿酒酵母、面包酵母）
2. 热带假丝酵母（*Candida tropicalis*，热带念珠菌）
3. 白色假丝酵母（*Candida albicans*，白色念珠菌）

四、霉菌

1. 橄榄型青霉菌（*Penicillium chrysogenum*，产黄青霉）
2. 特异青霉菌（*Penicillium notatum*）
3. 黄绿青霉菌（*Penicillium citreo-viride*）
4. 黑曲霉菌（*Aspergillus niger*）
5. 米曲霉菌（*Aspergillus oryzae*）
6. 灰绿曲霉菌（*Aspergillus glaucus*）
7. 黄曲霉菌（*Aspergillus flavus*）
8. 构巢曲霉菌（*Aspergillus nidulans*）
9. 毛霉菌（*Mucor* sp.）
10. 大毛霉菌（*Mucor mucedo*）

11. 总状毛霉菌（*Mucor recemosus*）

12. 黑根霉菌（*Rhizopus nigricans*）

13. 白地霉菌（*Geotrichum candidum*）

14. 藤仓赤霉菌〔*Gibberella fujikuroi*，无性阶段为串珠镰刀菌（*Fusarium moniliforme*），又名串珠镰孢霉〕

附录五

微生物学实验报告

年级_____

专业_____

学号_____

姓名_____

中山大学生命科学学院

____年____月　中国广州

实验一　显微镜油镜的使用及细菌形态的观察

　　绘出金黄色葡萄球菌、枯草杆菌、四联球菌和齿垢螺旋体在显微镜视野内的形态特征图。

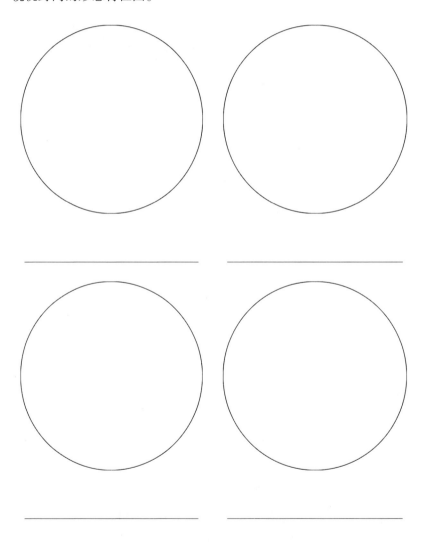

实验二　细菌染色技术

（1）革兰氏染色结果：

玻片简评：

（2）芽孢染色结果：

玻片简评：

（3）荚膜染色结果：

玻片简评：

（4）总结革兰氏染色、芽孢染色和荚膜染色的必要性。根据你的实践，这三种染色法分别要掌握什么关键步骤才能使染色清晰，并得出准确的结果，为什么？

实验三　放线菌和酵母菌的形态观察

（1）绘图说明放线菌的形态特征（分别注明气生菌丝、孢子丝和孢子）。

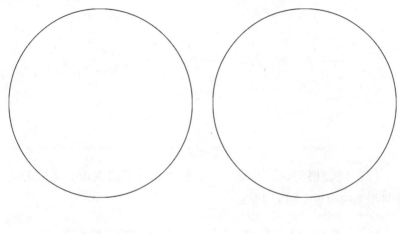

（2）绘制出你所观察到的酵母菌（啤酒酵母和假丝酵母）的形态特征图。

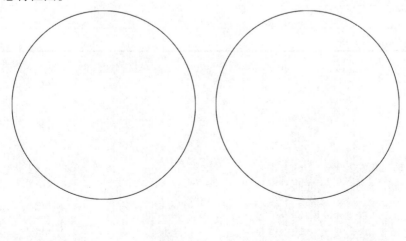

实验四　霉菌的形态及无性孢子观察

（1）绘出你所观察到的青霉、曲霉和根霉的形态特征图。

（2）比较根霉属、毛霉属、曲霉属和青霉属在形态上的异同，并将相关内容填至附表4－1。

附表4－1　根霉属、毛霉属、曲霉属、青霉属的形态

	根霉属	毛霉属	曲霉属	青霉属
菌丝横隔				
孢子囊				
假根				
无性孢子名				

实验五　四大类微生物菌落的识别鉴定

请你运用学过的知识，鉴定几种天然基质和人工培养基上的微生物各属于何种类群，在附表5-1上用简洁、准确的文字填写鉴定结果。注意结果的充分必要条件。

附表5-1　鉴定结果

编号	基质	鉴定方法及根据	结果

实验六　显微测微技术

将微生物大小的测量结果填入下面空格。

1. 在低倍镜（×10）下

目镜测微尺①_____格，②_____格，③_____格，分别等于镜台测微尺①_____格，②_____格，③_____格；由此目镜测微尺每格为①_____微米，②_____微米，③_____微米。

平均 = _____微米。

2. 在高倍镜（×40）下

目镜测微尺①_____格，②_____格，③_____格，分别等于镜台测微尺①_____格，②_____格，③_____格，由此目镜测微尺每格为①_____微米，②_____微米，③_____微米。

平均 = _____微米。

3. 在油镜（×100）下

目镜测微尺①_____格，②_____格，③_____格，分别等于镜台测微尺①_____格，②_____格，③_____格，由此目镜测微尺每格为①_____微米，②_____微米，③_____微米。

平均 = _____微米。

4. 枯草杆菌在油镜下的测量结果

长 = 目镜测微尺_____，_____，_____，_____，_____格 = _____，_____，

_____，_____，_____微米。

平均 = _____微米。

宽 = 目镜测微尺_____，_____，_____，

_____，_____格 = _____，_____，

_____，_____，_____微米。

平均 = _____微米。

5. 放线菌在油镜下的测量结果

菌丝直径 = 目镜测微尺_____，_____，_____，

_____，_____格 = _____，_____，

_____，_____，_____微米。

平均 = _____微米。

6. 酵母菌在高倍镜下的测量结果

长 = 目镜测微尺_____，_____，_____，

_____，_____格 = _____，_____，

_____，_____，_____微米。

平均 = _____微米。

宽 = 目镜测微尺_____，_____，_____，

_____，_____格 = _____，_____，

_____，_____，_____微米。

平均 = _____微米。

7. 赤霉菌在高倍镜下的测量结果

菌丝直径 = 目镜测微尺_____，_____，_____，

_____，_____格 = _____，_____，

_____，_____，_____微米。

平均 = _____微米。

实验七、八 微生物培养基的制备、灭菌与消毒

填写下列空格。

（1）培养细菌通常用_____培养基；培养放线菌用_____培养基；培养霉菌用_____培养基。

（2）制备培养基的主要步骤：①_____，②_____，③_____，④_____，⑤_____，⑥_____，⑦_____，⑧_____。

（3）熔化琼脂时要注意：①_____，②_____。

（4）分装培养基时要注意：①_____，②_____。

（5）高压蒸汽灭菌一般压力控制在_____MPa，约合_____psi 或者_____kgf/cm²，温度_____℃，维持_____分钟，待压力降至_____时，才能打开锅盖。

（6）干热灭菌一般温度控制在_____℃，维持_____小时，待温度降至_____℃以下才能开箱。

（7）高压蒸汽灭菌的关键是_____，否则会造成_____。

实验九　微生物的接种、分离技术与菌种保藏

（1）通过实践，你认为划线分离、涂布分离、倾注分离这三种常用分离方法中哪一种比较好？理由是什么？

（2）采用划线分离法，经过培养后，你是否分离出单菌落？有什么经验或教训？

（3）在接种与分离过程中是否有杂菌污染？原因何在？

（4）结合从半固体穿刺接种培养后的细菌所表现的生长特征，判断你所接的菌种是否有运动能力？

实验十　微生物的显微计数和平板计数方法

（1）计算每毫升酵母液中的细胞数，将结果填至附表 10 - 1。

附表 10 - 1　每毫升酵母液中的细胞数统计

计数次数	各中方格的菌数					5 个中方格的总菌数	每毫升菌液中的总菌数	两次计数平均值
	1	2	3	4	5			
第一次								
第二次								

（2）计算所分离的每克土壤样品中的放线菌活菌数，将结果填至附表 10 - 2。

附表 10 - 2　土壤样品中的放线菌活菌数

稀释倍数	菌落数		每克土壤中的活菌数		每克土壤中的活菌平均数	每克土壤中的活菌总平均数
	倾注法	涂布法	倾注法	涂布法		

实验十一　环境因素对微生物生长发育的影响

（1）将紫外线对细菌生长影响的实验结果记入下表（以"＋""－"表示细菌生长的程度，生长最多为"＋＋＋"，可疑为"±"，无生长为"－"），并对实验结果进行分析。

附表 11-1　紫外线对微生物的影响

（光距 30 cm，波长 255～265 nm，功率 15W，时间 10 分钟）

	大肠杆菌（无芽孢）	枯草杆菌（有芽孢）
开盖被照的部位		
开盖被纸片遮挡的部位		
被玻璃盖遮挡的部位		

结果分析：

（2）将渗透压对微生物的影响记入下表，并对实验结果进行分析。

附表 11-2　渗透压对微生物的影响

菌名	时间（天）	食盐含量		蔗糖含量		对照
		5%	20%	40%	80%	
枯草杆菌	3					

结果分析：

177

（3）将常用化学消毒剂的杀菌力实验结果记入下表。

附表 11 -3　常用化学消毒剂的杀菌力

	0.25% 苯扎溴铵 溶液	2% 煤酚皂 溶液	0.1% 氯化汞 溶液	5% 苯酚	2% 碘酒	对照
大肠杆菌						
枯草杆菌						

结果分析：

（4）绘图表示不同浓度的结晶紫溶液对不同细菌的抑制作用。实验结果说明了什么？

结晶紫浓度稀──→浓

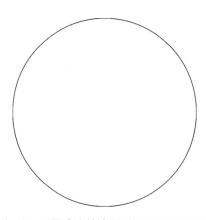

附图 11 -1　不同浓度的染料对不同细菌的抑制作用

结果分析：

（5）绘图表示青霉素对各菌的拮抗情况，并标出抑制距离大小（以毫米计）。

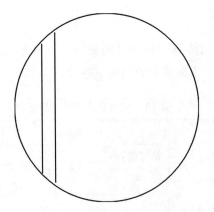

附图 11 -2　青霉素对不同细菌的抑制作用

结果分析：

（6）将植物抗菌素对细菌抑制作用的实验结果填入附表11 -4。

附表 11 -4　植物抗菌素对细菌抑制作用

	黄连素液	大蒜汁	姜汁	葱汁
金黄色葡萄球菌				
大肠杆菌				

结果分析：

实验十二 细菌的鉴定

（1）认真完成待测菌株和对照菌的形态观察、接种培养和生理生化的鉴定试验，根据试验的结果填附表 12 – 1。

附表 12 – 1 细菌鉴定试验结果记录

试验项目		菌种编号		对照
		单号菌：	双号菌：	
形态特征	革兰氏染色			
	菌体形态			
	大小及特殊构造（芽孢、荚膜、鞭毛、伴孢晶体等）			
	斜面培养			
	平板培养（菌落）			
生理生化特征	果胶酶试验			
	灵菌素产生			
	分解藻朊酸			
	与氧的关系			
	葡萄糖发酵			
	乳糖发酵			
	硝酸盐还原试验			
	甘油发酵			
	V.P 试验			
	M.R 试验			
	柠檬酸盐试验			
	硫化氢产生试验			

续附表 12 – 1

试验项目		菌种编号		对照
		单号菌:	双号菌:	
生理生化特征	吲哚试验			
	无氮培养试验			
	明胶液化试验			

（2）根据鉴定试验的记录结果，查阅细菌分类检索表，最后确定鉴定的菌种是_____菌，拉丁文学名为_____。

实验十三　病毒、立克次氏体的形态观察及噬菌体效价测定

（1）绘制出在显微镜下观察到的多角体病毒和立克次氏体的形态特征，并注明微生物的名称。

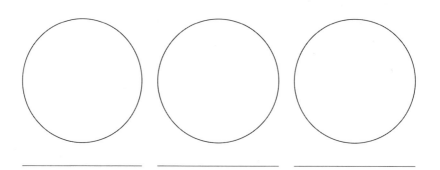

（2）计算所测定的噬菌体效价。

实验十四　免疫血清的制备与凝集试验

（1）将玻片法凝集试验结果记入附表14-1。

附表14-1　抗原抗体的凝集反应结果

抗体 ＼ 细菌抗原	大肠杆菌	枯草杆菌
大肠杆菌的抗体		
对照（生理盐水）		

注：有凝集反应用"＋"表示，无凝集反应用"－"表示。

（2）将试管法实验结果记入附表14-2，并确定实验所得的抗血清效价。

附表14-2　免疫血清效价滴定结果

	管　号									
	1	2	3	4	5	6	7	8	9	10
生理盐水（mL）										
加1∶10血清于1号管，混匀后逐级加入下一号管（mL）										
血清稀释度										
加菌液（mL）										
血清最终稀释度										
结果										

注：有凝集反应用"＋"表示，无凝集反应用"－"表示。凝集的强度以"＋"号的多少来表示。效价以产生凝集反应的最高血清稀释度计。

免疫血清效价为：

实验十五　苏云金芽孢杆菌的分离和鉴定

（1）根据实验对苏云金芽孢杆菌的分离和鉴定，将实验结果记入附表 15 – 1。

附表 15 – 1　苏云金芽孢杆菌的鉴定实验结果

实验项目＼菌株		菌株编号			对照
形态特征	革兰氏染色				
	菌体形态				
	菌体大小（长×宽)/μm				
	原生质均匀与否				
	芽孢（有无、形状、大小、着生位置)				
	芽孢囊膨大与否				
	伴孢晶体（有无、形状)				
	鞭毛				
培养特征	斜面培养				
	平板培养（形状、颜色、大小、透明度、干湿度、气味、表面、边缘)				
生理生化特性	与氧的关系				
	生长温度（最低～最高)/℃				
	溶菌酶抗性（0.001%）试验				
	耐盐性试验(2%、5%、7% NaCl)				
	耐酸性培养基（pH 5.7)				
	过氧化氢酶反应				
	卵磷脂酶测定				

续附表 15 - 1

实验项目　　　　　菌株	菌株编号			对照
生理生化特性　葡萄糖发酵试验				
阿拉伯糖发酵试验				
木糖发酵试验				
甘露醇发酵试验				
硝酸盐还原试验				
V.P 试验				
V.P 培养液生长后 pH				
柠檬酸盐试验				
苯丙氨酸脱氨酶试验				
酪蛋白水解试验				
酪氨酸水解试验				
明胶水解试验				
淀粉水解试验				
鉴定结果				

（2）实验结果讨论：

实验十六　外生菌根菌的分离及染色鉴定

（1）绘制在实验中制作并观察到的植物外生菌根的典型形态，注明其组成结构的名称。

（2）简要叙述你所采用的对外生菌根菌的分离方法及培养过程，是否得到满意的结果？并对实验进行分析和总结。

实验十七　食品中细菌总数的测定及卫生评价

（1）将实验样品的细菌总数测定结果及卫生评价记入附表 17 – 1。

样品名称：_____。

采样时间：_____年____月____日_____时_____分。

采样地点：_____。

报告日期：_____。

附表 17 – 1　实验样品的细菌总数测定结果及卫生评价

批次与结果 ＼ 稀释度及菌落数	10^{-1}	10^{-2}	10^{-3}	细菌总数（CFU/g 或 CFU/mL）
第 1 皿				
第 2 皿				
平均数				
合格评价（参照标准号）				

（2）结合实验，从检测过程的每个环节讨论实验的影响因素及最终结果的可靠性。